U0276159

澳 洲 鸟 类

BIRDS OF AUSTRALIA

〔英〕约翰·古尔德 著

宋龙艺 译

北京理工大学出版社

BEIJING INSTITUTE OF TECHNOLOGY PRESS

对于生活在新南威尔士和塔斯马尼亚岛的殖民地居民们来说，

一棵小橡树、榆树，一朵紫罗兰、报春花，都是难得的珍宝。

笼中的乌鸫、云雀要比天堂中的鸟儿更加珍贵。

和欧洲的鸟儿一样，

它们是春的使者，

是自然从沉睡中醒来的标志。

它们的鸣声响起时，

身处澳大利亚的英国人感受到了在故土时所感受不到的快乐。

我们势必要付出持久的耐心和饱满的精力，才能对自然有所了解，

但是在这样的过程中，自然也总是回馈我们以无穷的乐趣。

——约翰·古尔德

《澳洲鸟类》导读

这本书能教给你观察的能力和对自然的热爱

图谱

每一幅图谱都是艺术珍
品和传世之作

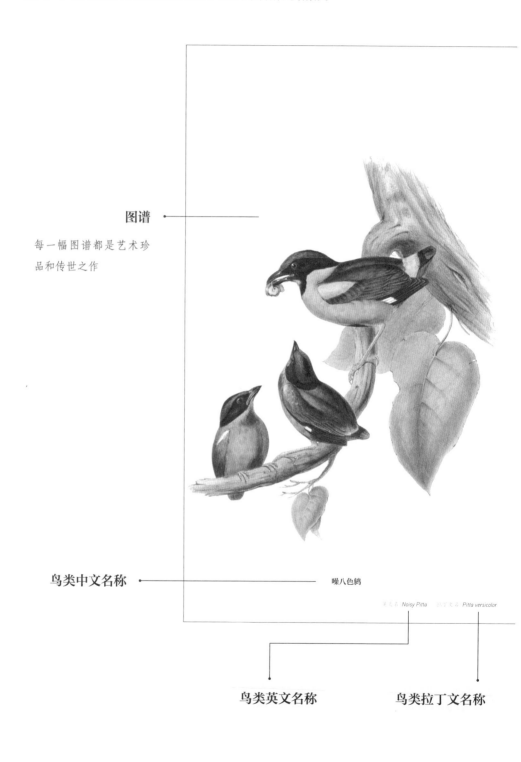

鸟类中文名称　　　　　　　　　　　　　　　　噪八色鸫

英文名 *Noisy Pitta*　　拉丁文名 *Pitta versicolor*

鸟类英文名称　　　　　　　　　　　**鸟类拉丁文名称**

噪八色鸫

鸣禽／雀形目／八色鸫科／八色鸫属

　　我从来没有看见过噪八色鸫活着时的样子，因此我并不能给读者们提供关于它们生活习性和特点的第一手资料。据说这一物种栖息在澳大利亚东部海岸上最人迹罕至的矮树丛中；在从麦奎利河到摩顿湾之间的所有地区，噪八色鸫的数量都十分丰富。在个性方面，噪八色鸫非常像画眉。我们也可以从它们修长的腿来猜测它们更多地栖息在地面上。但是若在栖息地上受到了打扰，它们会立即飞到附近的树枝上。它们的食物是昆虫；浆果和水果或许也构成了它们的一部分食物。

　　插图中的两只幼鸟以及一只成年鸟儿是在东海岸边的克拉伦斯河边的矮树丛中捕获的。因此这一地区一定是噪八色鸫的繁殖地。噪八色鸫幼鸟和翠鸟的幼鸟一样，从离巢时就长出了成年鸟儿标志性的羽毛。

　　雌雄鸟儿的羽毛颜色和身形都没有显著的区别；一些据我判断是雄鸟的样本，尾羽比其他的鸟儿有更大的绿色斑点。

　　头冠部为深锈红色，中央有一条狭窄的黑色斑纹；颌部有一个较大的黑色斑块，包围整个颈前颈后、头部两侧和头冠部；背部和翅膀为纯橄榄绿色；肩膀和小翼羽为明亮的、有金属光泽的天蓝色；尾部有一条同色的横纹；上尾羽覆羽和尾羽为黑色，后者端部为橄榄绿色；主翼羽为黑色，端部渐浅；第四、五和六支羽毛基部有一个小白斑；颈部两侧、喉部、胸脯部位和侧腹为浅黄色；腹部中央有一块黑色斑纹；尾部和下尾羽覆羽为猩红色；虹膜为深棕色；鸟喙为棕色；脚爪为肉色。

澳洲鸟类

目 录
CONTENTS

卷三　鸣禽（Ⅰ）

卷四　鸣禽（Ⅱ）

卷五　攀禽和陆禽

序　言

1837年夏天顺利完成了《欧洲鸟类》的编写工作以后，我自然而然要将注意力转向一个新地区的鸟类。机缘巧合，我选择了澳大利亚。尽管人们对这一地区的鸟类兴趣空前，但是真正关于澳洲鸟类的书并没有出现。许多作者在这样那样的作品中提到了这一地区的某些鸟类，但是系统描述澳洲鸟类的作品仍然没有出现。而这些作者提到的物种也几乎完全出自新南威尔士和塔斯马尼亚岛——人们对这片广袤的神秘土地的了解仅仅只有这两个地区而已。鉴于还没有系统的澳洲鸟类图书出现，这一领域显然是全新的，势必会吸引空前的兴趣。何况澳大利亚还是英国最绝妙的一片海外领地，它的自然造物种类繁多，习性非凡而且十分美丽。为了弥补这个明显的空缺，我立即开始从手边的材料做起，但是很快发现现存的信息十分匮乏，既不能让我自己满意，也不能适应自然科学发展的需要。于是我决心去澳大利亚,(用两年的时间)亲自去调查澳大利亚野生鸟类的生活习性和特点。

在从事这项工作之初，我未曾料到最终涉及的鸟类数量会如此之多。最初我们已知的澳大利亚鸟类比较有限，后来这一数字在我和所有积极帮助我的人的共同努力下翻了一番，其中许多个物种外形十分新奇，结构不同寻常，生活习性独特。过去一些探险家认为园丁鸟营建的凉亭一样的非凡建筑是土著人为婴孩建造的摇篮，而冢雉的土堆也被误认为是坟墓。类似的错误观点都已经在本书中得到纠正。

显然，任何人都不可能独自一人成功地完成一项规模像本书一样庞大的任务。所以，在此我必须要十分喜悦地说，在我准备和编写这本书的过程中，我遇到的每一个人都尽心尽力地帮助了我。

在结束我的《欧洲鸟类》时，我曾十分高兴地说，几乎所有的插图都是我可爱的妻子用石板印刷的。要是在这里我也能说上一番相似的话该多好。但是，不幸啊，事实不是这样，在我们从澳大利亚回国后的短短一年里，她就被我们全知全能的造物主从这俗世上接走了。旅居澳大利亚期间，她举世无双的巧手和妙笔创作了大量的鸟类和植物绘画。在她不幸辞世以后，里克特先生才得以继续插图的工作。但是我将插图的工作交给里克特先生显然是明智的。他的工作让我十分满意，我也相信我的读者们会同样地满意。上色的工作和在我的《欧洲鸟类》以及其他的作品中一样，全部是由贝菲尔德先生完成的。贝菲尔德先生总是孜孜不倦地按时完成工作，他一丝不苟的工作态度让我深感敬佩。

最后我必须要说，在将近十年专注的工作之后，《澳洲鸟类》的编写工作进入了尾声。我相信读者们会看到，我们从这本书的开始到结束，一直是同样认真的。如果本书中出现了任何错误，我也希望读者们看在工作的覆盖面之广、获取以及安排大量材料之不易的分儿上，宽容待之。只要一直慷慨支持我工作的人欣赏我的劳动，我的付出就是得到了回报。

感谢上帝让我一直拥有健康的身体和充沛的精力，我要继续将自己微薄的力量贡献于推进鸟类学的发展。在我看来，这门学科所研究的，是全能的造物主诸多精彩作品中最有趣的一部分。

约翰·古尔德
1848年6月12日

BIRDS OF AUSTRALIA
VOLUME I
RAPTORES

卷 一

猛 禽

楔尾雕

英文名 | *Wedge-tailed Eagle*　拉丁文名 | *Aquila audax*

楔尾雕

猛禽 / 鹰形目 / 鹰科 / 雕属

这种高贵的鸟儿广泛地分布在澳大利亚南部地区。将它们的栖息地一一列举完全没有必要，因为从西部的天鹅河到东部的摩顿湾之间的大片土地上我们都能看到它们的身影。在塔斯马尼亚地区，楔尾雕的数量也同样丰富，而在巴斯海峡所有较大的岛屿上，都有着适合这些鸟儿习性的环境和它们赖以为生的动物类食物，因此栖息在这些地方的楔尾雕数量更多。我还没有在澳大利亚北部地区或任何其他地区的收藏中见到过这一物种。但是十有八九，它们在南半球至赤道地区的分布地，与金雕在北半球的分布地一样广阔。而这两种鸟儿各方面习性上也十分相似，因此毫无疑问，在自然体系中它们扮演着相似的角色。

以前的作者所描绘的一个物种的勇气、力量和贪婪，恰好也正是另一个物种的特点；在身材方面它们也十分相似。但是澳大利亚的楔尾雕尾羽细长而且呈楔状，看起来更加美丽优雅。

我在自己的笔记中记录过，我曾捕射过一只重达4千克的楔尾雕，也曾观察到过体型更大的楔尾雕。楔尾雕习惯栖息在内陆地区，而不是海岸边。它们不加选择地捕食所有生活在这片大陆上的小型袋鼠。当地的居民常常能看到这些目光敏锐的鸟儿在天空中飞翔，做着美丽的回旋。在广阔的内陆平原上栖息着许多优雅的大鸨，它们的体型有楔尾雕的两倍大。但是这些鸟儿依然躲不过楔尾雕的攻击。无论楔尾雕的猎物身形如何庞大，它们勇猛的俯冲和强有力的抓握显然都会对敌人造成致命的伤害。牧羊人常常发现这些凶猛的鸟儿对他们的畜群展开疯狂的杀戮，给他们带来巨大的损失，因此对它们也进行了毫不留情的屠杀。牧羊人总是想尽一切办法去结束它们的生命。在塔斯马尼亚，牧羊人会为猎杀这些鸟儿的人提供大量的赏金。不过在未来的许多年里，大片无人涉足的地带和茂密的森林仍然会为这些鸟儿提供庇护，使它们暂时免遭人类的屠杀。尽管如此，在人人追杀的情况下，这一物种的数目还是大规模减少了。为了获得捕杀袋鼠的猎人们扔下的废弃物，它们会一路追随这些猎人几千米，甚至连续几天都会跟在他们后面。我清楚地知道，尽管它们主要以活的猎物为食，可它们也不会拒绝几乎腐烂的动物尸体组织。一次，在利物浦平原北部的内陆旅行时，我看到了三四十只楔尾雕聚集在一头牛的尸体周围。一些鸟儿已经吃饱，正栖坐在附近的树上休息，还有一些鸟儿仍然在贪婪地大口吞咽。

　　我观察到的楔尾雕巢穴都营建在我们最难以接近的高大树木上。这些巢穴的尺寸极大，形状几乎扁平，是用大大小小的树枝建成的。我很遗憾至今没能获得一枚这一物种的鸟卵。但是我曾经将楔尾雕从它们的鸟巢中捕射了下来，当时鸟巢中有一些卵，只是鉴于鸟巢所处的位置，我没能得到这些鸟卵。这些鸟巢所在的树木十分高大，树干往往要专心地拔高到30多米才会长出第一根枝条。因此除了土著居民，很少有人能爬上去。遗憾的是，这些土著居民早已经离开了塔斯马尼亚。

白腹海雕

英文名 *White-bellied Sea Eagle*   拉丁文名 *Haliaeetus leucogaster*

白腹海雕

猛禽／鹰形目／鹰科／海雕属

　　白腹海雕在澳大利亚的北部和东部十分常见，它们的栖息地主要是幽静隐蔽的河湾和海湾。我仅仅在新南威尔士地区观察到过一次这样的鸟儿，但是我多次收到来自摩顿湾的样本；捕获它们的人们观察到这些鸟儿在下猎人谷的灌木丛上方飞行。这一物种的主要食物是鱼类，它们有时会突然扎入水中捕食鱼儿，有时则会贴近水面低飞，用脚爪捕食。因此白腹海雕所捕食的鱼类都生活在接近水面的浅水层。有时，不幸被捕获的鱼儿会被带到白腹海雕最喜欢的栖坐处，这通常是悬在水面上的一根树枝；有时，尤其是当鸟儿受到打扰时，它们会带着到手的猎物在入侵者头上的天空中不断地盘旋，同时将猎物吞咽掉，样子看起来十分轻松。在靠近地面时，它们的飞行速度缓慢，样子沉重，但是升到一定高度时又看起来优雅自在。

　　吉尔伯特先生在他的笔记中写道："这一物种在科堡半岛和附近的岛屿上分布较为普遍，数量也可以说比较丰富。它们的繁殖期从7月初开始，一直持续到8月末。我成功地找到了两个巢穴，每个鸟巢中各有两枚卵，但是我也听说有时候人们在它们的鸟巢中能发现3枚鸟卵。巢穴使用树枝建成，内巢是小树枝和粗糙的青草；它的直径大约有61厘米，营建在树木枯死的大树杈上。我发现的两个巢穴都距离地面9米多，距离海岸边180多米。蛋壳为暗白色，表面密布着许多红棕色的发丝状条纹和十分微小的斑点。前者仿佛是象形文字一样的符号。这些奇特的标志在卵的两端不均匀分布，有时在大的一端多一些，有时相反。同一个巢穴中的两枚卵甚至也不相同。"

　　雌雄个体在羽毛颜色方面十分相似，用以区分它们的唯一特征就是雌鸟的身形相对更大一些。而幼鸟与成年鸟儿的区别则更加显著。

　　插图中为成年和幼年白腹海雕。

啸鸢

英文名 *Whistling Eagle*　拉丁文名 | *Haliastur sphenurus*

啸鸢

猛禽／鹰形目／鹰科／栗鸢属

欧洲人在他们目前到访过的澳大利亚地区发现了啸鸢的踪影，而在新南威尔士地区这一物种的数量最丰富。我还从没有在塔斯马尼亚岛观察到过这一物种，因此我倾向于相信它们很少到访这一岛屿。它们的分布如此之广，让我们有理由相信啸鸢并不是迁徙性鸟类。至少在新南威尔士地区，无论是在夏季还是冬季它们的数量都似乎同样庞大。但是它们并非一直停留在同一片地区，而是会随着食物的变化进行短距离迁徙。

与英勇无惧的典型鹰科鸟类不同，啸鸢并不会攻击身形较大的动物。它们主要以腐肉、弱小的四足动物、昆虫和鱼类为食。一方面，它们是家禽的天敌；另一方面，当澳大利亚常常发生的可怕毛虫灾难来临时，啸鸢却比其他的同科鸟类能消灭掉更多的害虫。1839年，我目睹了上猎人河地区这一害虫的泛滥，同时也观察到了几百只啸鸢聚集在丘陵地上专门捕食这种害虫。事实上，啸鸢十分偏爱这种食物，一旦一只啸鸢在这样的地方出现，其他的啸鸢也一定会接踵而来。

啸鸢很少会表现出怕人；当它们栖坐在一些低矮的树上时，常常会允许我们走到离它们只有几十厘米的地方。一次，我在一个水湾上发现了一只十分罕见的燕鸥；但是在我刚刚将这只停在水面上的鸟儿捕射时，一只啸鸢便敏捷地冲了出来，将我的猎物掳走了。让我十分恼火的是，这只鸟儿就在离我很近的地方，无论我和当地人如何大喊大叫，都没能将它吓退。

这些鸟儿往往成对地栖息在海岸边的灌木丛和内陆的森林中。它们总是不断地在海港和河流以及河湾附近盘旋，搜寻着水面上漂浮的或者被抛上岸边的猎物。在杰克逊港，这一景象最为常见。在高空中飞行时，它们看起来轻松自在，常常会升到极高的空中，同时发出一声尖锐的哨音。这一特点十分鲜明，是与澳大利亚其他的同科鸟类最大的区别。

啸鸢的巢穴是用树枝和须根建成的，常常建在生长在溪流两岸的高大树木的树冠中。啸鸢于11月份和12月份产卵,卵通常有2枚,有时也只有1枚。卵为蓝白色,略微有绿色的着色,有少数多变化的棕色斑纹。这些斑纹十分模糊,看起来仿佛隐藏在卵壳下。我曾经发现的一个该物种的巢穴,旁边就是一只美丽的小雀鸟的巢穴。两只鸟儿相对坐在各自的鸟卵上。要不是后来我将它们巢中的卵抢走,我相信它们也会这样比邻而居抚育各自的幼鸟。

插图中为成年和幼年啸鸢。

澳洲灰隼

英文名 | Grey Falcon　　拉丁文名 | Falco hypoleucos

澳洲灰隼

猛禽／鹰形目／鹰科／栗鸢属

我仅仅见过四只这种珍稀而且美丽的澳洲灰隼，其中三只是我自己的收藏，另外一只属于德比伯爵。我在《动物学会报告》中描绘的样本是伯吉斯先生赠予吉尔伯特先生的。伯吉斯先生说他在离天鹅河约97千米的高山之上捕射了这只鸟儿；后来吉尔伯特先生自己在西澳大利亚的摩尔河附近也捕获了澳洲灰隼。我的朋友斯特尔特先生在最近一次深入南澳大利亚探险时也幸运地获得了一只雄鸟和一只雌鸟。"1845年5月的一个星期天，我们捕获了这两只鸟儿。当时它们一直在高空中飞翔，后来一只鸟儿终于落到了溪边的树上，于是我们将它捕射了下来。另一只鸟儿飞下来照顾它的同伴，接着也被捕射了。它们一定是一种稀有的鸟类，因为我们在那一地区仅仅看到了两只这样的鸟儿。"

这一物种的发现是一件十分值得高兴的事情，它们为南北半球物种间有趣的相似性现象提供了又一证据。显然这一物种在澳大利亚就像矛隼在欧洲一样具有自己独特的位置。

成年鸟儿的整个上下体表和翅膀为灰色，每支羽毛中央有一条狭窄斑纹；眼周几乎有一圈黑色的狭窄环纹；主翼羽为棕黑色，羽毛内羽片底色为斑驳的灰色，有棕黑色梳状斑纹；尾部覆羽为灰色，有棕灰色斑纹；尾部为深棕灰色，有深棕色横纹；虹膜为深棕色；蜡膜、眼周、喙裂、鸟喙基部、腿和脚爪为美丽的橙黄色；鸟喙基部的橙黄色至上下颌的黑色端部逐渐变浅；脚爪为黑色。幼鸟上体表为斑驳的棕色和灰色，下体表几乎为白色，相比成年鸟儿有更加明显的黑色斑纹。

褐隼

英文名 | *Brown Falcon*　拉丁文名 | *Falco berigora*

褐隼

猛禽／隼形目／隼科／隼属

褐隼在塔斯马尼亚岛和新南威尔士有普遍的分布。在性情方面这一物种并不像典型的鹰隼那样大胆鲁莽，在生活习性和动作方面与真正的红隼很相似，也尤其喜欢在空中盘旋。另外，褐隼还常常像鹬属鸟类那样飞翔和潜行。尽管有时这一物种也会捕食鸟类和小四足动物，可它们的主要食物还包括腐肉、爬行动物和昆虫。我解剖过的几只褐隼，胃中几乎完全塞满了后一类食物。通常这些鸟儿会一对对地出现在我们的视野中，但是当成群的害虫出现在刚刚发芽抽新的田野中时，它们也会成群飞来。1840年的春天，我就在上猎人谷地区亲眼看见了可怕昆虫的泛滥。整个地区几乎要被这些害虫摧毁了。当地的人们认为这种鸟儿是有害的物种，但是在我看来无论它们怎么时不时地抢掠新孵化的家禽，单凭它们会摧毁成千上万的害虫这一点，它们的行为也应该得到原谅。早餐过后，它们就会飞到附近树木的枯枝上安静地消化食物，直到饥饿感再度袭来，它们才会飞出去寻找食物。为了让读者了解我们一次能看见的褐隼数量，我必须要说：我常常在一棵树上看到10~40只这样的鸟儿；它们十分懒散，不愿意飞翔，这时候你几乎想捕捉多少褐隼就能够捕捉到多少。

这一物种的羽毛会经历许多变化，鸟类学家若不是熟悉它们羽毛变化的过程，很容易误以为它们是几个不同的物种；然而我在仔细观察之后却发现，在我提到的它们的自然栖息地上，这些外形颜色有差异的鸟儿都是同一个物种。在第一个秋季，这一物种的深色斑纹颜色十分浓重，而浅色的部分也有更多的黄色着色。成年鸟儿的上体表为均匀的棕色，白色的下体表有黄色的着色。

雌雄鸟儿的羽毛颜色十分相似，但是雌鸟的体型更大。我发现塔斯马尼亚岛和新南威尔士的褐隼都是在10月份和11月份繁殖，而且这两个地区的鸟巢都建在高大的桉树树冠的树枝上。

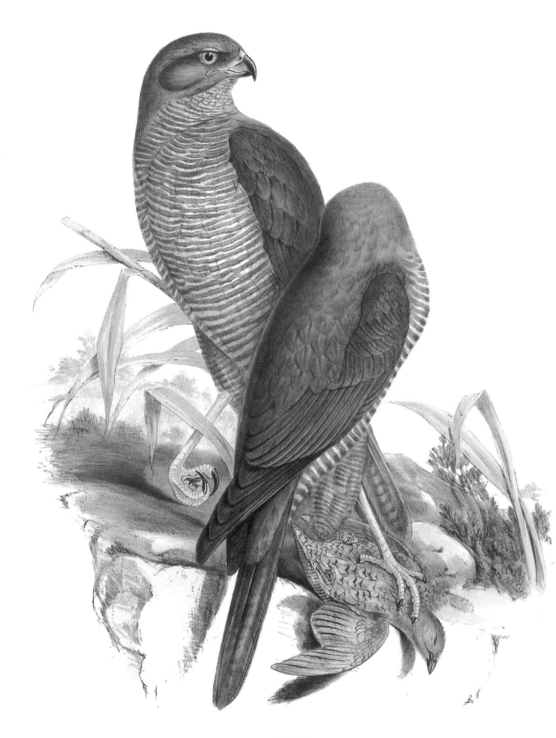

沼泽鹞

英文名 | Swamp Harrier　拉丁文名 | Circus approximans

沼泽鹞

猛禽／鹰形目／鹰科／鹞属

澳大利亚的所有鸟类(包括澳大利亚的所有鹰科鸟类)中没有哪一种能比当前这一物种的学名更加混乱。这一混乱的产生基于两个原因：第一，作者们错误地认为它与莱瑟姆的赤鹰是同一个物种，而事实上它们完全是两个不同的物种；第二，成年沼泽鹞和幼年沼泽鹞因为羽毛差异太大而被认为是不同的物种。林奈学会的收藏中有7只这一物种的样本，它们分别被维戈尔先生和霍斯菲尔德先生视为三个不同的物种。但是在仔细检查了这些样本后，我完全确定它们都是沼泽鹞。这7只样本分别是2只雄性幼鸟、3只成年鸟儿和2只雌性幼鸟。

与这一物种为数不少的学名相呼应的是沼泽鹞的数量规模。沼泽鹞是栖息在新南威尔士和塔斯马尼亚地区数量最多、分布最普遍的大型鸟类之一。在较远的北方地区这一物种也有分布，但是在西海岸上它们的位置似乎就被其他的鸟儿取代了。南澳大利亚和摩顿湾之间的地区应该是它们真正的自然栖息地。在这一地区它们是一种留鸟。

澳大利亚的沼泽鹞是一种大胆、英勇和十分残暴的物种，它们主要以鸟类、爬行动物和小的四足动物为食。它们常常在当地人的家禽饲养场周围悄悄来去，捕食各种家禽的雏鸟。野外的沼泽鹞看起来十分鲁莽大胆，被捕获时又会表现得阴沉愠怒、难以驯服，从来不像真正的鹰隼那样变得顺从温和。

沼泽鹞的鸟巢常常建在一棵生长在小溪两侧的高大木麻黄树上，但是我也时常在距离水源较远的森林中的桉树上看到它们的鸟巢。这一物种的鸟巢尺寸较大，筑巢材料主要是树枝和桉树树叶。鸟卵通常有3枚，为蓝白色，有均匀的棕黄色斑块。

方尾鸢

英文名 *Square-tailed Kite* 拉丁文名 *Lophoictinia isura*

方尾鸢

猛禽 / 鹰形目 / 鹰科 / 方尾鸢属

方尾鸢虽然具备真正鸢属鸟类的短脚、长翅和其他特征,但是尾部的形状却与其他的鸟儿明显不同。尽管我在新南威尔士和内陆平原的许多地方都观察到过这一物种,但是它们的数量并不算很丰富,当地的居民对它的了解也并不多。然而我却有幸得以捕猎这一鸟类作为标本。我也收到过来自天鹅河的两只样本,从这一点我可以推断:尽管这一物种在这一地区的分布较为稀疏,但是它们的分布范围仍然是广阔的。从各方面特征来看,这一物种都与鸢属鸟类一致;它们有时在森林中的树木上空高高地盘旋,有时在开阔的荒地上寻找食物。

11月份我发现的方尾鸢鸟巢尺寸较大,巢穴外侧用树枝建造,内衬是树叶和桉树的内皮;其中有2枚卵,底色为浅黄白色。其中一枚略微有红褐色斑点,小的一端颜色渐深;而另一枚有极大块的红棕色斑块,形状微圆。

约翰·吉尔伯特先生在他于西澳大利亚所做的笔记中写道,在那里"这些鸟儿总是栖息在茂密的树丛中。有时它们的飞行速度极快,可以长时间在高空中翱翔。1839年11月10日,我发现了一个鸟巢;其中有两只几乎还没有着羽的幼鸟。这个鸟巢建在一棵白桉树的几乎水平的大树干上,而这棵树坐落于埃文河以东6.4千米的茂密森林中。我在低洼地上没有观察到过它们,但是在内陆它们的数量比较丰富。它们的胃呈膜状,容积很大;食物主要是鸟类。"

雌鸟的羽毛斑纹颜色特点与雄鸟相似,但是体型要大许多。

斑布克鹰鸮

英文名 | Boobook Owl　　拉丁文名 | Ninox boobook

斑布克鹰鸮

猛禽 / 鸮形目 / 鸱鸮科 / 鹰鸮属

在澳大利亚各地我都见到过一些这样的鸟儿，它们有十分相似的特点。只有埃辛顿港的样本略微有些不同。它们似乎同样喜欢栖息在灌木丛中和生长着成片树木的平原上。白天的时候，我们也常常能看到这样的鸟儿在空中飞翔着捕食昆虫和小鸟。这些是它们赖以生存的主要食物。与斑林鸮相比，斑布克鹰鸮的身形更大，羽毛上有斑点。

斑布克鹰鸮的飞行速度较为迅速，而当它们从墨累河周围的灌木丛中飞过时，我常常会想到丘鹬。在这些地方，旅行的人们常常会将这些鸟儿从地面上惊起。但是它们在飞过91～183米后又会飞落下来，或者飞进附近树木的树冠中躲藏起来。这时候要再找到它们或者将它们从藏身之处惊起来，就没有那么容易了。

11月份和12月份的时候，斑布克鹰鸮在高大桉树的树洞中繁殖，在腐烂的木屑上产下3枚卵。它们并不会营建任何形式的巢穴。我的好伙伴纳蒂在11月8日获得了3枚鸟卵。这3枚鸟卵处于孵化初期，形状几乎为球形。它们几乎为纯白色，与其他鸮类的鸟卵相似。

卡利先生说："这一物种在当地被叫作'布克-布克'，它们的叫声与名字的发音相似。在冬季的几乎每一个夜晚，人们都能听到这样的鸣叫。尽管几乎每一个人都熟悉它们的叫声，但却没有人了解它们的样子。我花费了大量时间和精力才确认了它们的存在。这一鸟儿的鸣叫声与欧洲的杜鹃叫声相似，因此殖民地居民们用杜鹃来为它们命名。新南威尔士的下层殖民地居民们有一个错误的观点，他们认为这一地区的所有事物都是与英国相反的。他们认为这种被他们叫作杜鹃的鸟儿在夜晚鸣叫就是一个例证。"我相信这种鸟儿从不会在白天鸣叫。

雌雄斑布克鹰鸮的羽毛颜色差异甚微，但是雌鸟的体型更大。虹膜的颜色差异较大；一些鸟儿的虹膜为黄白色，另一些为黄绿色，还有一些为棕色。

BIRDS OF AUSTRALIA
VOLUME Ⅱ
SCANSORES & OSCINES

卷 二

攀禽和鸣禽

澳洲裸鼻鸱

英文名 | Australian Owlet-nightjar　　拉丁文名 | Aegotheles cristatus

澳洲裸鼻鸱

攀禽／夜鹰目／裸鼻鸱科／裸鼻鸱属

这一十分有趣的小物种，羽毛颜色和斑纹特征变化较多，让鸟类学家们十分困惑，它们也因此拥有许多不同的学名。

澳洲裸鼻鸱的分布地极为广阔，在塔斯马尼亚岛，整个澳大利亚南部从西海岸上的天鹅河到东部的摩顿湾，都栖息着一些这样的鸟儿。唯有时间和对这片土地不断的探索，才能告诉我们这些鸟儿的栖息地究竟延伸到了哪里。澳洲裸鼻鸱是一种留鸟，栖息在海岸边最茂密的丛林中以及内陆树木相对稀疏的地区。

在澳大利亚的森林中漫步时，我幸运地发现了许多这一奇异的鸟儿。我也获得了一些它们的鸟卵以及大量关于它们生活习性和行为特点的信息。

白天这些鸟儿栖息在桉树中空的树干和树洞中，在夜幕降临时才飞出去捕食昆虫，尤其是较小的甲虫。这些昆虫构成了澳洲裸鼻鸱的主要食物。澳洲裸鼻鸱总是水平飞行，而不像夜鹰属鸟类那样突然地转弯或下降。在将它们从栖息处驱赶出来时，我有时发现它们会径直地朝另一棵树上相似的树洞中飞去，但是更多时候会停落在邻近的树枝上，横坐在树上，身体从来不会与树干平行。若是在休息时受到了攻击，它们会发出吵闹的嘶嘶声，像鸦形目鸟类那样低垂着脑袋。同样地，它们也会保持相似的站立姿态，直立起耳朵和颈部周围的羽毛，并且向各个方向转动脑袋。它们甚至常常会将脑袋转向背部。我曾经圈养过一对澳洲裸鼻鸱，它们就常常跳跃到鸟笼的顶部，还会用一种怪异的方式向后跑动或拖脚慢走，退到一个角落中。

在树林中散步时，我们只要用一块岩石或一把小斧头来轻轻地敲击中空的树木底部，其中的小住户几乎无一例外都会飞到洞口处，窥探声音的来源。如果这棵树比较高，或者树洞的位置让人难以接近，它们常常就会回到树洞中，留在那里直到吵闹声再次响起。那时它们才会展翅飞到更安全的地方去。澳洲裸鼻鸱并不会营建任何巢穴，而是简单地在这样的树洞中产卵。它们的卵通常有4～5枚，卵壳为纯白色，形状接近圆形。在一年当中，一对鸟儿会生产并孵化两窝卵和幼鸟。我知道，10月份在塔斯马尼亚岛有人捕获了一些澳洲裸鼻鸱幼鸟，而我也于1月份在新南威尔士获得了一些鸟卵。

塔斯马尼亚岛、天鹅河和南澳大利亚以及新南威尔士的澳洲裸鼻鸱样本在羽毛的颜色和特征方面都有较大的不同，但是单凭这些差异还不足以认定它们是不同的物种。一些鸟儿的颈背部斑纹和头部的环纹十分明显，而在另一些鸟儿身上我们却几乎看不到这样的特征痕迹；这些变化并不是因为栖息地的不同而产生的，栖息在同一个地区的鸟儿之间也存在这样的差异。

雌雄澳洲裸鼻鸱在身材和羽毛方面几乎没有明显的差异。幼鸟的小半月形斑纹颜色更深、更清晰，而许多成年鸟儿几乎没有这一斑点，虹膜接近黑色。

茶色蟆口鸱

英文名 | Tawny Frogmouth   拉丁文名 Podargus strigoides

茶色蟆口鸱

攀禽／夜鹰目／蟆口鸱科／蟆口鸱属

栖息在澳大利亚的蟆口鸱科鸟类外形极为相似，要将它们区分开并不容易；在仔细观察之后，我发现栖息在新南威尔士的蟆口鸱仅有两种。但是它们各自都被以往的作者们赋予了几个不同的名字。

与其他的蟆口鸱相比，茶色蟆口鸱的斑纹更宽，茶色的羽毛颜色混合得更彻底，头部的羽毛端部有一个白色的小圆斑，覆羽端部的斑纹更醒目。这一物种普遍地分布在新南威尔士各地区。它们对栖息地的类型没有特别的要求，海岸边茂密的灌木丛、山岭地区和内陆地区树木稀疏的平原都同样适应它们的生活习性。我发现一些茶色蟆口鸱会在猎人河河口中低洼泥泞的小岛以及猎人谷平地上的杯果木上繁殖。在生活习性和生活方式上，茶色蟆口鸱与真正的夜鹰相去甚远，在许多方面与裸鼻鸱也有极大的不同。

茶色蟆口鸱完全是一种夜行性鸟类，白天会直立着身体横坐在树木的枯枝上休息一整天。这时候它们的样子与它们栖身的树枝如此相似，不仔细观察很难察觉到它们的存在。我时常在木麻黄茂密的枝叶下发现它们。我也被告知它们会躲藏在桉树中空的树干中休息，不过我从来没能在这样的环境中发现它们。我观察到的茶色蟆口鸱大多成双成对地栖坐在阳光照耀的桉树树枝上。这时候它们睡意昏沉，很不容易被惊起来；我多次捕射其中一只做成标本，却也没能将它的同伴惊醒。有时几乎光是用树枝或石块就能捕获它们，甚至走到它们旁边用双手将它们捕捉起来也不无可能。若是被惊起，它们则会拍动沉甸甸的翅膀，懒洋洋地飞到邻近的树上栖坐下来，接着再度陷入昏睡当中。在傍晚渐渐到来之时，它们却一改痴痴傻傻的模样，变得异常活跃、生气勃勃。它们的食物包括各种昆虫，但是我并不确定它们的捕食方式是怎样的。不过我在解剖的鸟儿胃中看到的情形让我相信它们通常不会在飞行中捕捉食物，或是仅仅捕食夜出性的昆虫。相反，它们会在枝丫间走动，捕食正在休息的昆虫。在检查了它们的尾羽特点后，我更加相信这一猜测，因为茶色蟆口鸱的尾部形状和结构都与许多攀禽的尾部形状相似。它的另一个非凡的特点是外侧脚趾可以根据需要转向后方，这一点也与它们在树枝间行动的需要相适应。一个午夜，我在上猎人谷捉到一只茶色蟆口鸱，这只鸟儿的胃中塞满了螳螂和以水果为食的蝗虫。这些昆虫从来不在夜间活动，而蝗虫通常还专门栖息在树木上垂直的孔洞中。在其他的一些样本的胃部，我还发现了甲虫的肢体以及一些类似寄生植物的根系组织。这些植物组织与我们在腐烂中空的树木上发现的植物相似。茶色蟆口鸱的整体结构都说明它们并不适合长时间飞行，也不具备在空中做出敏捷的回转盘旋来捕食的能力。与真正生活在空中的夜鹰相比，这些鸟儿的翅膀短小而凹陷。

在树林中散步时，我观察到过许多对繁殖期的茶色蟆口鸱，因此对这一物种的繁殖方式较为了解。它们的巢穴结构简单，形状扁平，是用树枝马虎地堆叠在一起的。这些鸟巢通常营建在尺寸适宜的水平树杈上。它们通常在桉树上筑巢，不过我也常常在杯果木或木麻黄树上看到这样的巢穴。我每次发现它们时，总是看到一只鸟儿在巢中孵卵，而另一只鸟儿栖坐在邻近的树枝上。两只鸟儿往往都入睡了。一次我捕射了一只正在巢中专心孵卵的茶色蟆口鸱，解剖时却意外地发现它是一只雄鸟。因此我相信雄鸟也会承担起孵卵的工作。鸟卵通常有2枚，卵壳是美丽无瑕的白色，形状是长长的椭圆形。

雌雄鸟儿在大小和羽毛方面十分相似。与同属的其他鸟儿一样，茶色蟆口鸱的羽毛颜色差异较大；幼鸟很早就会长出成年鸟儿的模样，但是它们的羽毛斑纹颜色略深一些。

茶色蟆口鸱在夜间的啼鸣大而沙哑，包括两种不同的声音。

插图中为正在休息的鸟儿，茶色蟆口鸱在白天常常保持这一站立的姿态。

长尾夜鹰

英文名 *Large-tailed Nightjar*　拉丁文名 *Caprimulgus macrucus*

长尾夜鹰

攀禽／夜鹰目／夜鹰科／夜鹰属

长尾夜鹰是栖息在澳大利亚的唯一一种真正的夜鹰属鸟类。我相信霍斯菲尔德博士在爪哇岛捕获的样本就是长尾夜鹰。而我则收获了在埃辛顿港捕获的长尾夜鹰。在后一地区，长尾夜鹰的数量相对丰富；因此这一物种的自然栖息地看起来较为广阔。长尾夜鹰栖息在森林中开阔的地区。它们是作息严格的夜行性鸟类。长尾夜鹰几乎总是在大树下靠近树根的阴凉地面上休息。连续几次受到打扰后，它们才会飞到高大树木的枝条上去。我从来没有见过长尾夜鹰的鸟卵，但是我拥有一只明显只有几天大的幼鸟。吉尔伯特先生发现这只鸟儿时，它正躺在一棵灌木下。它的周围没有任何巢穴，甚至连一片树叶都没有。这个小家伙的颜色与它所栖身的地面十分相近，很难会被人发现。正因为它的亲鸟在被惊起时做出了一系列奇怪的动作，才让吉尔伯特先生怀疑有幼鸟在附近。当时这只亲鸟十分不愿意从这里离开，它在栖身处的上空不断地盘旋，而不像平常那样飞到90多米以外的地方。

雌雄鸟儿的区别在于主翼羽和外侧尾羽上是否有较大的白色斑块；在羽毛的其他方面和大小方面，它们并没有区别。

它们的食物包括蛾子、苍蝇和甲虫。它们主要在空中飞行时捕食猎物。

白喉针尾雨燕

英文名 | Spine-tailed Swift   拉丁文名 | Hirundapus caudacutus

白喉针尾雨燕

攀禽／雨燕目／雨燕科／针尾雨燕属

白喉针尾雨燕是我们目前已经发现的最大的雨燕科鸟类。这一高贵的物种是澳大利亚东部地区的一种夏候鸟。它们最远会去到南方的塔斯马尼亚岛。不过它们到访这一岛屿的时间并不像到访新南威尔士那样规律，它们从来也不会延长在这些南部地区逗留的时间。每年的1—2月份，大群的白喉针尾雨燕一起来到塔斯马尼亚。因此那里的人们在这些日子里最常见到这些鸟儿。接着几天后它们就集体消失了。据我所知，生活在西澳大利亚的人们没有观察到过这种鸟儿，来自埃辛顿港的鸟类收藏中也没有出现这一物种的身影。

白喉针尾雨燕的胸骨极厚，胸肌比我熟悉的任何一种体重与之相等的鸟儿都更加发达。它们的身体结构独特而优美，尤其适应在空中的飞行活动；从它们细长的翅膀，我们可以想到它们具备极为高超的飞行能力，无论速度和耐力都十分让人惊讶。因此它们可以十分轻松地在不同的地区间迁徙。它们若是真的下了决心这样做，那么前一刻钟它们还在澳大利亚大陆上追捕苍蝇，半个小时后，它们又熟练地吞咽起了塔斯马尼亚岛的苍蝇。

白喉针尾雨燕完全是一个在空中生活的物种。我从来没有观察到栖坐在树上的白喉针尾雨燕，也很少见到它们会去到离地面足够近的地方，被猎人捕射。只有在傍晚，天色阴沉和乌云密布的日子里，它才会来到猎人的枪口下。除了鹤科鸟类，白喉针尾雨燕显然是澳大利亚所有鸟类中最高贵、最有活力的飞禽。在最炎热的日子里，正午时分我平躺在草地上，眼睛看着天空，常常能在高高的苍穹中看到拥挤着的几百只这样的鸟儿。它们或是声势浩大地做着回旋，或是整齐地掠过一片无云的蓝天。在晴朗的天气里，那里总是飞舞着无数的昆虫，显然它们在那里出现就是为了这些食物。因此正如我从前所说的，世界上比这一鸟儿更难捕捉的物种恐怕并不多；在澳大利亚这一长期干旱的地区，情况更是如此。相反，那些常常到访更加潮湿的塔斯马尼亚地区的鸟儿则需要到陆地上寻找食物，因此在它们驻留期间，总是有大量的鸟儿被捕杀。

关于这一精致鸟儿的繁殖习惯，我要很遗憾地说我并没有获得任何具体的信息。但是我们有依据推测它们会在岩石堆和高大树木的树洞中产卵育雏和休息。在太阳完全落下去之后，它们就会回到巢穴中过夜。但是在这以前，一只只或孤零零或成对的白喉针尾雨燕会在溪谷和高高的树冠上空匆匆飞过，那不知疲倦的翅膀保证了它们能够做出各种敏捷的盘旋来捕捉昆虫，并且一整天无止无休地在空中飞翔。

雌雄鸟儿在外形方面没有看得见的差异；但是雌鸟与同科的其他物种一样，身形比它的伴侣略小。

喜燕

英文名 | Welcome Swallow   拉丁文名 | Hirundo neoxena

喜燕

鸣禽／雀形目／燕科／燕属

　　这一物种之所以如此命名，是因为在整个澳大利亚的南部地区它们都是一种受到人们欢迎和喜欢的鸟类。它们是春回大地的美好象征，它们来到澳大利亚时，与我们美丽的小燕子来到欧洲时一样，都受到了人们友好的招待。这两个物种有着如此迷人的相似度，它们不仅在迁徙活动方面是相似的，在整体生活习性、行为方式和结构特点方面甚至更加相近。在9月中旬或9月末的时候，它们来到塔斯马尼亚岛，在养育了至少两窝幼鸟以后，它们才在3月份启程返回北方；不过显然，喜燕以及所有其他鸟类的迁徙活动都完全受到气温和它们赖以为生的食物的多寡的影响。我发现，在新南威尔士和同纬度的所有地区，这一物种到来的时间要早许多，离开的时间也晚许多。在新南威尔士居住过一些年的卡利先生针对这一地区的鸟类做了一些笔记，这些笔记常常被鸟类学作者们引用。

　　这位先生陈述说："在一年当中，我最晚注意到喜燕的日子是在1803年7月12日。当时我看见了两只这样的鸟儿。不过在次年（1804年）的同一个月的月末，我再次观察到了几只这样的鸟儿。一年当中我最早观察到它们的时候是在1806年5月30日，那时候大群喜燕正在高空中叽叽喳喳着飞翔。我在帕拉马塔没能见到它们，但是在这一地区以北3.2千米的北方岩石这个浪漫的地方，我有时也会看到它们。"

　　一些迷鸟会留在新南威尔士度过整个冬天，不过它们的数量远远比不上夏季栖息在那里的鸟儿的规模，而在寒冷的季节里，还有更多的鸟儿飞去了更温暖舒适的地区，去寻找更为充足的昆虫类食物。我没能在高北方地区观察到这些鸟儿的踪迹；它们显然也不会到访爪哇岛，新几内亚我想也是如此。我也从没有在埃辛顿港以及任何北部海岸上看到它们，不过也可能一些喜燕的确来到了这里，只是我没能观察到它们罢了。

　　这一鸟类的自然繁殖环境是深深的岩石裂缝和幽深的山洞，但是自从澳大利亚被殖民地化以来，喜燕也像它们的欧洲兄弟一样会将布满烟灰的烟囱、工厂的房间和外屋以及背阴的游廊一角用于筑巢。巢穴的结构也很相似：巢穴上端开口，使用泥土或黏土营建；中间混杂着青草和秸秆，结构十分结实；内巢先是一层柔软的细草，接着是一层羽毛。巢穴的形状取决于巢穴所在的环境，但是鸟巢正面看总体均为圆形。鸟卵通常有4枚，形状细长；底色为粉白色，有许多紫棕色的细小斑点，空隙间有浅灰棕色斑迹，一些鸟卵大的一端呈现出环形斑纹。在天鹅河，这一物种的繁殖季节是9月份和10月份。

喜燕的食物包括小苍蝇和其他昆虫。

彩虹蜂虎

英文名 Australian Bee-eater   拉丁文名 Merops ornatus

彩虹蜂虎

攀禽／佛法僧目／蜂虎科／蜂虎属

我几乎可以肯定地认为彩虹蜂虎是栖息在澳大利亚地区的唯一一种蜂虎科鸟类，因为我在考察当中并没有注意到第二种该科鸟类。我在有机会去检查的许多收藏中也没有见到与彩虹蜂虎有差异的同科鸟类。

这种鸟儿有如此多的迷人之处，因此毫无疑问，澳大利亚人普遍地将它们视为最喜欢的鸟类。彩虹蜂虎极为美丽的羽毛、高贵的外形以及优雅的飞行方式都值得人们去关注。除此以外，它们的出现还会勾起人们很多美好的联想。与欧洲的燕子和杜鹃一样，彩虹蜂虎也是报春的使者；当然，我们知道南半球的春天与北半球的春天处于一年当中两段相对的时间里。彩虹蜂虎是作息严格的迁徙性鸟类，它们于8月份到达新南威尔士和同纬度的所有地区，而在3月份向北方飞去，期间它们会忙碌着繁殖育雏。在夏季的几个月里，它们普遍地分布在整个大陆从东到西的全部南部地区。对我以及所有的鸟类学家们来说，十分有趣的一点是，直到位于北海岸的埃辛顿港，彩虹蜂虎也是严格的迁徙性鸟类，许许多多从南方飞来的鸟儿均匀地分散在这片土地上。吉尔伯特先生说："7月份我来到埃辛顿港时发现了大量的彩虹蜂虎。在澳大利亚的这一部分地区，它们是迁徙性鸟类；少数几对鸟儿或许会留下来繁殖，因为当地人显然十分熟悉它们的繁殖方式，而且我也曾经看到了一对成年鸟儿和它们刚刚离巢还在接受亲鸟喂食的幼鸟。除此以外，从8月末到第二年的3月份我离开时，我都没有在半岛的任何地区以及相邻的岛屿上观察到过这种鸟儿。"

我从来没有在新几内亚以及印度群岛的任何收藏中看到这种鸟儿；因此我们或许可以猜测，这一鸟儿在澳大利亚最北部的分布地就是澳大利亚的北部边境，而在南方则是新南威尔士和同纬度地区。在南澳大利亚和天鹅河，彩虹蜂虎的数量像在新南威尔士一样多。相比靠近海岸的地区，这一物种更喜欢栖息在内陆地区。因此在珀斯，这一物种很罕见，而在约克地区这一鸟儿却十分常见。在新南威尔士，我发现在上猎人谷和所有靠近内陆的其他地区以及我有机会去探索的所有地区，彩虹蜂虎的数量都十分丰富。白天它们最喜欢出现在开阔、贫瘠和树木稀疏的森林里；在夜晚，许多彩虹蜂虎会互相陪伴着出现在河堤和河岸上。它们几乎总是栖坐在落光树叶的枯枝上，并从那里冲出去捕捉飞过的昆虫；它们捕食的方式与翠鸟十分相似，而身体直立着栖坐在树上的方式也相似。彩虹蜂虎常常会离开栖坐的树枝去半空中巡视一周，接着又返回原处栖坐下来。

我常常有机会观察这一物种的鸟卵和雏鸟。彩虹蜂虎在河堤上或森林里相似环境中的洞穴里产卵育雏。这个洞穴的入口有老鼠洞大小，洞穴有0.9米深。亲鸟卧在洞底，会在沙土上产下4~5枚漂亮的白卵。

彩虹蜂虎胃部肌肉强健，食物为各种昆虫，主要包括甲虫和脉翅目昆虫。

笑翠鸟

英文名 Brown Kingfisher   拉丁文名 Dacelo novaeguineae

笑翠鸟

攀禽／佛法僧目／翠鸟科／笑翠鸟属

笑翠鸟是所有在新南威尔士居住和旅行的人都或多或少熟悉的一种鸟儿。除了它们较大的身形引人注目以外，它们的声音也十分奇异，与任何其他生物的声音都不相同。在性情方面，这一物种并不胆小；视野中出现了任何新鲜的事物时——比如穿过树林的或在它们的栖息地附近搭起帐篷的一群人，它们总是会变得十分机警好奇。它们常常会在附近树木的枯枝上栖坐下来，充满好奇地观看点燃的篝火和沸腾的食物。然后它们会悄然地划过森林，接着又无声无息地落下。若不是它们有时会发出一种奇异的咯咯笑声，人们很难发现它们。一些人听到这样的叫声常常会发出惊叹说："那是我们的老朋友笑翠鸟。"也因为这样的鸣声，当地人喜欢叫它们"大笑的蠢蛋"。

它们常常也因为自己的鲁莽而丢了性命。当旅行的人们行囊中的食物并不充足，而自己的胃口却又好得很的时候，好奇的笑翠鸟跟了上去，用不了几分钟就会被捕捉下来架在篝火上熏烤。因为笑翠鸟奇异的鸣声，每一位对新南威尔士略有了解的作者几乎都注意到了它们。卡利先生描述说："它们像笑声一样的高声鸣叫，在很远处就能听得到。基于这一特点以及它们粗野的外形，殖民者们一来到这片大陆上就给了它们'大笑的蠢蛋'这一奇特的称呼。"斯特尔特先生说："它们的鸣叫就像孤魂野鬼的合唱，让身处险境的旅客莫名惊魂，仿佛自己的不幸受到了嘲讽和讥笑。"贝内特先生在他的著作中说道："它们独特的咯咯笑开始比较低沉，音调渐渐升高、变响。殖民地各地区的居民都常常听到这种奇异的声音。它们栖坐在附近的树上时会发出这种喧闹的声音；当它们随着朝阳飞起来时，这种怪异的咯咯笑也在整个森林中回荡；在日落时分，人们又一次听到这样的鸣声；最后，在这辉煌的天体沉进西边的天空时，它们还会送上一首摇篮曲，让所有能听见的人都伴着它们的声音入睡。"

与大多数其他的物种不同，笑翠鸟几乎会出现在任何一种自然环境中：沿海岸地区的茂密丛林、树木稀疏的森林以及干燥平原的植树绿化带和高海拔地区的灌木丛都同样受到它们的钟爱。在所有这些地区栖息的笑翠鸟数量都不算十分丰富。

我相信笑翠鸟几乎从不饮水。因此最干旱的平原与隐蔽的河流两岸以及海岸附近平坦的灌木丛同样适合它们生存。

它们的食物种类较多，但无一例外都是动物类食物；爬行动物、昆虫和蟹类似乎尤其受到它们的钟爱。它们还会贪婪地吞吃蜥蜴，衔走一条蛇然后慢慢吞进鸟喙中的场景也并非罕见；它们还会捕食小哺乳动物。我还记得一次在南澳大利亚地区看见一只笑翠鸟鸟喙中衔着一只挺肥的老鼠。我将这只鸟儿捕射，发现这只老鼠是生活在那片平原上的罕见物种。

笑翠鸟于8—9月繁殖，通常会将一棵大桉树的树洞作为巢穴。它们并不会自己筑巢，而仅仅将像珍珠一样白的漂亮的卵产在树洞底部腐烂的木屑上。幼鸟孵化后，亲鸟会英勇大胆地保卫自己的繁殖地，冲向任何胆敢爬上树木的入侵者，用自己尖锐的鸟喙发起猛烈的进攻。

雌雄鸟儿的羽毛颜色几乎没有差异，甚至一个月大的幼鸟也与成年鸟儿十分相似。它们之间唯一的不同在于：幼鸟的斑纹颜色略深，棕色羽毛分布得更加均匀。

笑翠鸟可以很好地适应圈养的生活，它也是我熟悉的最有趣的笼鸟之一。活的样本早就被送到了英格兰。一只笑翠鸟在伦敦动物学会的花园中生活了许多年，而此时此刻(1843年4月)，一只来自新南威尔士的笑翠鸟正在苏赛克斯生活着。它像在野外时一样随性地做出奇特的动作，发出非凡的鸣叫，吸引了每一个人的目光。

插图中为一只雄鸟和两只幼鸟。

白眉翡翠

英文名 | Sacred Kingfisher   拉丁文名 | Todiramphus sanctus

白眉翡翠

攀禽／佛法僧目／翠鸟科／林翡翠属

在新南威尔士和该大陆的全部南方地区，白眉翡翠是一种夏候鸟，繁殖季节过后它们会向北方飞去。12月份它们开始消失，在1月末几乎所有的鸟儿就都消失不见了。春天它们再次回归，从8月份开始，直到9月中旬，大量的白眉翡翠会出现在这些地区。无论是树木最茂密的丛林、小海湾边缘的红树林，还是更加开阔、树木稀少的内陆平原，都是适合白眉翡翠生活的栖息地。它们甚至常常还会出现在最干燥缺水的地区；和许多澳大利亚以昆虫为食的鸟类一样，水并不是维持它们生存的必备物质。

白眉翡翠的羽毛靓丽、金光闪闪，因此它们在树林中格外耀眼。它们大而刺耳的鸣叫也常常暴露它们的位置。在繁殖季节里，当入侵者靠近它们的树木时，这些鸟儿会变得异常吵闹。它们的鸣声大而持久，就像痛苦的哀号。它们常常会在小小的枯枝上连续栖坐几个小时，这期间它们的身体一直保持直立，十分端正。它们仅仅会飞下来捕捉食物，完成任务后几乎总是回到原处重新栖下。它们的食物种类繁多，不同环境中的白眉翡翠食物也不相同。它们贪婪地吞咽掉整只螳螂、蝗虫和毛毛虫，也不拒绝蜥蜴和很小的蛇。它们会像普通翠鸟那样，将蛇的脑袋甩向石头或其他坚硬的物体，好让它们放弃挣扎。在盐碱滩附近被捕射的白眉翡翠样本，胃部塞满了蟹类和其他有硬壳的动物。在捕食开始的时候，白眉翡翠悄无声息地栖坐在水塘周围低矮的红树丛上，等待着每次退潮后遗落在泥沙上的大量蟹类。我从来没有见过它们像普通翠鸟那样扎入水中捕捉鱼儿，而且我相信它们也从来不会用这样的方法捕食。在猎人河河岸上，它们最喜欢的食物是一种蚂蚁的卵。这一昆虫在桉树的树干和枯枝周围筑巢，这些巢穴看上去就像树木自己的赘疣。鸟儿们就会在这些巢穴中挖掘食物。

繁殖季节开始于10月份，一直持续到12月份。桉树中空的树枝树干都会被它们当作巢穴。它们会在其中产下4~5枚纯白色的卵。

蓝翠鸟

英文名 | *Azure Kingfisher*　　拉丁文名 | *Ceyx azureus*

蓝翠鸟

攀禽／佛法僧目／翠鸟科／三趾翠鸟属

除了天鹅河以外，从西北部的埃辛顿港到最南端的塔斯马尼亚岛之间的所有澳大利亚地区都栖息着一些蓝翠鸟。在新南威尔士和南澳大利亚的土地上，无论溪流、水塘还是其他的水域，都适合这一物种的生活习性和生活方式。它们几乎完全以小型鱼类和水生昆虫为食。

蓝翠鸟常常栖坐在悬垂于溪流上方的枯枝上，从那里冲进水中捕捉猎物，接着通常又会回到原来的地方，杀死并头向下整个地吞掉猎物。蓝翠鸟喜欢独栖；一对鸟儿，更多时候是孤零零一只鸟儿在同一个地方觅食。在繁殖季节里，蓝翠鸟变得暴躁而活跃；同一物种的入侵者胆敢闯入它的栖息地附近时，它们还会变得十分好斗。在这一季节里雄鸟信心勃勃，会在溪流上下如利箭般相互追逐；它们背部富丽的天蓝色羽毛在阳光下熠熠生辉，当它们从旁观者身边飞过时，更像是一颗流星，而不是一只鸟儿。

孵卵的工作从8月份开始，在次年1月份结束。在这段时间里，一对鸟儿常常会孵化两窝幼鸟。鸟卵为漂亮的珍珠白或粉白，形状十分圆润。它们在溪流岸边的洞穴中产卵，并不会营建任何形式的鸟巢。鸟卵有5~7枚。第一次换羽后，蓝翠鸟幼鸟就变成了亲鸟的模样，并且样子再也不会改变。蓝翠鸟的洞穴中常常堆满了鱼骨，鸟儿们将鱼肉吞下，将鱼骨丢在幼鸟周围，砌成了鸟巢的形状。幼鸟离巢后会追随着亲鸟沿着河流觅食；当它们在水边的岩石或树枝上停下来休息时，亲鸟会将食物送到它们嘴边。不过，它们很快就能够自己捕食了，幼鸟在很小的时候就能够钻入相当深的水下捕捉小鱼和昆虫。

雌雄鸟儿在羽毛颜色方面极为相似，身材也没有不同。幼鸟十分吵闹，当亲鸟从它们栖坐的地方飞过时，幼鸟会焦急地发出叽叽喳喳的鸣叫声。

白眉燕鵙

英文名 | *White-browed Woodswallow*　拉丁文名 | *Artamus superciliosus*

白眉燕鵙

鸣禽／雀形目／燕鵙科／燕鵙属

　　无论是优雅的外形，还是美丽多变的羽毛，白眉燕鵙都不输给同属的其他鸟类；白眉燕鵙眼睛上方的白色斑纹和胸部的深栗色羽毛在栖息于澳大利亚的所有鸟类中是独一无二的。这一物种的栖息地范围我并不确定，但是我有理由相信它们仅仅栖息在澳大利亚，而且很有可能它们从来也不会离开该大陆的内陆地区。目前人们仅仅在新南威尔士的边境地区，尤其是靠近广袤平原的地方见到过它们。我第一次见到白眉燕鵙是在上猎人谷。少数白眉燕鵙零零落落地栖息在岩石山脊上的树林中。

　　白眉燕鵙胆小而机警，十分不容易被靠近。与同属的其他鸟类一样，白眉燕鵙总是喜欢站在高大树木的高处枝条上，并从那里飞出去捕捉昆虫，接着又返回原处进食。在我观察到它们的每一个地方，这一物种都是作息严格的迁徙鸟类：它们在夏季到达这里，繁殖季节过后又启程返回北方。

　　白眉燕鵙的巢穴是最难被发现的，它们通常被建在树杈或树干附近的裂缝中。在后一种情况下，一部分树皮常常会被剥掉。白眉燕鵙的鸟巢呈圆形，是极浅、极为脆弱的结构；外巢是用小树枝建成，内巢用须根垫起。我发现的白眉燕鵙鸟巢中有2枚卵，但我并不能确定每个鸟巢都是这样。鸟卵的底色为暗淡的浅黄白色，有焦茶色的斑点，这些斑点在鸟卵大的一端形成了环纹；一些鸟卵的整个表面都稀稀疏疏地分布着这样的斑点。

　　雄鸟的眼端、眼周以及耳部覆羽为深黑色；颌部为灰黑色，在胸部渐变为黑灰色；头冠部为灰黑色；眼睛上方至枕骨部位有一条纯白色斑纹。整个上体表、翅膀和尾羽为煤烟灰色，尾羽端部为白色；翅膀下表面为白色；整个下体表为富丽的深栗色；虹膜几乎为黑色；鸟喙基部为浅蓝色，端部为黑色；脚爪为深铅色。

　　雌鸟的颜色相似，但是与雄鸟略有差异。

澳洲啄花鸟

英文名 Mistletoebird   拉丁文名 Dicaeum hirundinaceum

澳洲啄花鸟

鸣禽／雀形目／啄花鸟科／啄花鸟属

　　我相信目前大部分澳大利亚的居民们都完全不了解这一美丽的小鸟，然而在这片土地上的几乎每一片庄园里，都有一些这样的鸟儿长期生活着或是短暂地停留。我们势必要付出持久的耐心和饱满的精力，才能对我们的自然有所了解，但是在这样的过程中，自然也总是回馈我们以无穷的乐趣。

　　澳洲啄花鸟几乎总是生活在高大树木最高处的枝头上。显然这是人们并不常观察到它们的一个原因。它们胸部富丽的猩红色与身体其他部位对比强烈，然而从它们努力与之保持遥远距离的地面上看去，这样醒目的标志就不那么吸引人的注意了。在捕捉一些样本的过程中，我更经常发现的是它们十分柔和的鸣啭，而不是它们在树枝间来来去去的身影。澳洲啄花鸟通常喜欢栖息在高大的木麻黄树上。它们对于那些生长在溪流两岸的木麻黄格外钟情。澳洲啄花鸟那掩映在葱茏的枝叶间的小身影很难被发现。我在插图中绘制了一株美丽的寄生植物。在这些植物的枝叶间，我们也常常能见到它们的小身影。这种鸟儿最喜欢类似植物鲜嫩多汁的浆果。澳洲啄花鸟的主要食物是昆虫，但是它们也特别喜欢这些果实。

　　澳洲啄花鸟的动作既不像啄花鸟，也不像食蜜鸟。与前者不同，澳洲啄花鸟的飞行方式急而快，而与后者相比，澳洲啄花鸟的好奇心要小一些，另外它们还会在树叶间攀爬走动。栖坐在树枝上时，它们的身体保持笔直，外形像极了燕子。

　　澳洲啄花鸟的歌声悠扬，十分动听，但是声音却极小。喜欢它们鸣声的人往往需要站在它们栖身的树下用心聆听，才能听到。

　　澳洲啄花鸟美丽的鸟巢就像一个蓬松的荷包。我在一棵树上发现了一个鸟巢，其中有三四只澳洲啄花鸟。我在悉尼还收获了一只装有几枚鸟卵的巢穴。这些鸟卵底色为暗白色，表面有无数细小的棕色斑点。

斑翅食蜜鸟

英文名 | Spotted Pardalote　　拉丁文名 | Pardalotus punctatus

斑翅食蜜鸟

鸣禽／雀形目／斑食蜜鸟科／斑食蜜鸟属

斑翅食蜜鸟属鸟类中没有哪一种鸟儿比斑翅食蜜鸟的分布地更加广泛和普遍了。它们栖息在整个澳大利亚大陆的南部地区。斑翅食蜜鸟几乎整天都在树叶间忙碌着寻找昆虫。在花园、篱笆以及开阔的森林中我们都能见到它们忙碌的小身影。它们极为活跃和灵敏，能够以任意一种姿势附着在树叶的上下表面。

斑翅食蜜鸟的繁殖方式与已知的任何一个同属物种都不相同。其他的鸟儿总是将鸟巢建在树洞中，而斑翅食蜜鸟则会来到地面上，在突起的岸堤上挖出一个洞；洞口的大小刚刚能允许它自己出入。这个洞穴向水平方向延伸60~90厘米，洞穴末端建起小室，鸟卵就在这里产下。巢穴结构整洁而美观，是用桉树的内皮营建，巢穴内部也铺放着相同或相似的材料。鸟巢呈球状结构，只在一侧开口。小室通常要比洞口略高，这样就消除了家园被雨水淹没的风险。我的运气足够好，发现了许多个这样的巢穴，但这并不意味着发现它们的鸟巢是一件容易的事。我不得不一次又一次跟踪亲鸟，仔细观察它们每次消失的地方。这些小家伙们为什么要将如此整洁的巢穴建在不见天日的洞穴深处，这一点我百思不得其解，认为这又是造物主不可揣测的设计之一。斑翅食蜜鸟在一年当中会繁殖两窝幼鸟，鸟卵每次有四五枚，形状较为圆润，为漂亮的肉白色。

鸣叫时，它们会不断地重复两个音节，听起来像十分粗哑的笛音。

雄鸟的头冠部、翅膀和尾羽为黑色，每支羽毛端部附近有一个圆形的白斑。从鼻孔到眼睛上方有一条白色斑纹；耳部覆羽和颈部两侧为灰色；背部羽毛的基部为灰色，接着是三角形的浅黄褐色斑纹，边缘为黑色；尾部为红棕色；上尾羽覆羽为深红色；喉部、胸部和下尾羽覆羽为黄色；腹部和侧腹为黄褐色；虹膜为深棕色；鸟喙为棕黑色；脚爪为棕色。

雌鸟的羽毛颜色要暗淡一些，喉部也没有明黄色羽毛。

斑噪钟鹊

英文名 | *Pied Crow-shrike*　　拉丁文名 | *Strepera graculina*

斑噪钟鹊

鸣禽／雀形目／钟鹊科／噪钟鹊属

斑噪钟鹊是我们最熟悉的，也是最古老的钟鹊科鸟类。这一物种十分广泛地分布在新南威尔士地区，海岸边的灌木丛、山地以及生长在平原和乡村中的桉树林都是它们栖息的地方。斑噪钟鹊的主要食物是种子、浆果和水果，因此与同一家族的一些物种不同，斑噪钟鹊更常生活在树上。而它们的一些同胞们则更多地栖息在地面上，身体结构也更适应在陆地上行走，食物也主要是昆虫及其幼虫。

斑噪钟鹊是这一地区的留鸟，仅仅会随着季节的变化而短途迁徙。有时大群鸟儿会来到开阔的海岸边，而在另一些时候它们则搬去了灌木丛中，因为那里有更丰富多样的食物。然而最适合它们生活的环境还是沟壑纵横的山岭地区。与同属的其他鸟类一样，斑噪钟鹊常常小群一起觅食生活。我们常常能见到4～6只鸟儿，却几乎见不到孤零零或成对的鸟儿。然而我认为，从严格意义上说，它们并不是喜欢群居的鸟类；我相信这样的小鸟群应该是由一对亲鸟和一窝幼鸟组成的。这样的一个小家庭似乎从形成之日起就一起生活，一直到自然本能催促它们开始新一轮的求偶繁殖工作，才分开。

它们的外表与乌鸦几无差异，但是飞行方式迥然不同。它们从不在高空中飞翔，飞行活动也不会坚持太久。它们最多也仅仅是从森林的一边飞到另一边，或者飞跃一条水渠。为了达到这些目的，它们有时需要飞到树冠上空，有时则需要在树木间穿行。在飞行时，这些鸟儿的外形特点会完全暴露在我们的视野中，对比鲜明的羽毛颜色让它们成了树林中最引人注目的风景。斑噪钟鹊在树林中飞行时，整片树林中都会回荡着它们独特的嘈杂鸣叫。这时候我们才能看到平常难以发现的斑噪钟鹊。在地面上时，它们也会十分灵敏地单足蹦跳。

斑噪钟鹊的巢穴通常建在低矮树木的树枝上，有时甚至建在木麻黄树上。这些鸟巢尺寸极大，呈杯状，开口极大，为圆形。外巢是树枝，内巢是苔藓和青草；鸟卵通常有3～4枚。

澳洲喜鹊

英文名 | Australian Magpie　　拉丁文名 | Gymnorhina tibicen

澳洲喜鹊

鸣禽／雀形目／钟鹊科／澳洲喜鹊属

澳洲喜鹊是一种大胆、爱炫耀的鸟儿；它们来到人们房前的草坪和花园中时，总是会让原本安静的环境顿时充满生机。只要不被打扰和驱赶，它们很快就会变得顺服，喜欢亲近人，会不断地靠近人类的住所，6~10只一小群鸟儿聚集到民宅和附近的草垛上。它们颜色对比鲜明的花外衣十分吸引人的眼球，它们的清晨颂歌听起来也同样令人愉快。可恨我没有生花妙笔来描述这些小歌唱家美妙的歌喉，而且我也很遗憾我的读者们不能够像我一样在它们的故乡亲耳听一听这样的歌儿。我多么希望足够多的澳洲喜鹊被引入到我们国家，让人人都能亲眼看一看它们：鸟舍中最难得这种有趣又好养活的观赏鸟了。澳洲喜鹊终年生活在新南威尔士地区，在耕地边缘的树木上繁殖。它们营建的巢穴大而醒目，因此要捕捉足够多的幼鸟并不困难。

澳洲喜鹊最喜欢栖息在外围生长着树木的耕地、开阔的平滩和平原上，因此澳大利亚内陆地区的人们比生活在海岸边的人们更常见到这些鸟儿。

澳洲喜鹊的食物几乎完全是昆虫；它们在地面上寻找这种食物，每天都有大量的蝗虫被澳洲喜鹊吞掉。圈养的澳洲喜鹊可以食用各种动物性食物，但是我想它们同样也会吃一些浆果和水果。

澳洲喜鹊的繁殖季节开始于8月份，一直持续到次年1月份；在这一段时间里，每对澳洲喜鹊都会养育2窝幼鸟。鸟巢呈圆形，深而开阔，外巢用树枝、树叶和羊毛等材料建起，内巢则是用任何可能寻找到的柔软材料垫起的。鸟卵有3~4枚；很遗憾它们的颜色和大小我都不清楚，因为在新南威尔士的时候我忘记了收集这些鸟卵。

幼鸟在未离巢时就会长出成年鸟儿的羽毛，而且它们的样子并不会随着它们的生长和季节的变化而变化。

金啸鹟

英文名 *Golden Whistler*　拉丁文名 *Pachycephala pectoralis*

金啸鹟

鸣禽／雀形目／啸鹟科／啸鹟属

这一十分常见的物种栖息地分布在澳大利亚大陆的南方地区，从西部的天鹅河到东部的摩顿湾都栖息着一些金啸鹟。但是它们最远会出现在北方的哪一地区，目前还不得而知。

在春季和初夏的几个月里，只有少数几种鸟儿会活泼地唱起欢乐的歌儿，而金啸鹟就是其中一种。我认为它们的歌声与澳大利亚和欧洲其他鸟儿的鸣声都不相同。它们的鸣声是大而持续的清铃般的哨音，尾音是尖锐而响亮的拍击声。同族大部分鸟儿的鸣叫都以这样的哨音结束。在新南威尔士和南澳大利亚，大量的金啸鸢栖息在树木稀疏的森林中，在高大树木的枝叶间觅食休息。我自己并没有在矮树丛中看到过它们，而在西澳大利亚，据说茂密的灌木丛是它们最喜欢的栖息地。

金啸鹟并不会迁徙，可它们还是会随着季节的变化搬迁到附近食物丰富的地方。它们的食物包括各种各样的昆虫、毛毛虫和浆果；与同族的其他成员一样，它们会温和安静地在树枝间攀爬，单足蹦跳。

正如插图中所示，雌雄金啸鹟无论在外形特征还是整体羽毛颜色方面差异都极大。幼鸟第二年才会长出与成年鸟儿一样的胸部条纹和喉部纯白色的羽毛。金啸鹟的繁殖期开始于8—9月份，并一直持续3个月。鸟巢呈杯状，结构较为脆弱，我们甚至能从外巢纤细的树枝和须根间看到鸟卵。在新南威尔士我发现了筑在大树水平小枝上的巢穴，但是在天鹅河上，这些鸟巢则更常搭建在灌木丛中，尤其是在白千层灌木中。

鸟卵通常有3枚，卵表面有橄榄色光泽，大的一端有模糊的斑点和斑块形成的圈带。

蓝点辉卷尾

英文名 Spangled Drongo   拉丁文名 Dicrurus bracteatus

蓝点辉卷尾

鸣禽／雀形目／卷尾科／卷尾属

蓝点辉卷尾的分布地十分广阔，在澳大利亚北部和东部所有地区，这一鸟儿的数量都同样丰富。格雷先生和吉尔伯特先生分别在西北部海岸和埃辛顿港发现了这种鸟儿，人们也在东海岸上的摩顿湾附近观察到了它们。我在澳大利亚游历时并没有遇到这一物种，因此我要感谢吉尔伯特先生的笔记，并且将他对蓝点辉卷尾习性的描写摘录在下面。他说："这一物种是科堡半岛最常见的鸟儿之一；蓝点辉卷尾总是成双成对地生活。任何一种环境都适合这种鸟儿的生长，但是我们在灌木丛和红树丛中最常见到它们。这种鸟儿总是十分活跃，而且完全以昆虫为食。各种各样的昆虫，尤其是甲虫和脉翅目昆虫最受它们的喜欢。它们的飞行方式和鸣声都极为多变；常见的鸣声极大，而且极为沙哑，像吱吱嘎嘎的哨音，与其他鸟儿的鸣声完全不同。人们只要听过一次蓝点辉卷尾的鸣声，就很难忘怀。

"11月16日，我发现了5只蓝点辉卷尾鸟巢。每只鸟巢中都有一些幼鸟；有的幼鸟已经几乎学会了飞翔，而另一些则刚刚孵化出来。这些鸟巢的结构都十分相似，筑巢材料也相同。巢穴是用常见攀缘植物干枯坚硬的枝叶编织而成，巢穴中并没有柔软的内巢。这些鸟巢常常被营建在离地面不少于9米的水平树枝脆弱的末端，树木枝叶茂密，因此我们很难轻易地观察这些鸟巢。它们通常极浅，鸟卵似乎有3~4枚。我们知道的3只鸟巢中各有3枚卵，而另外2只鸟巢中则各有4只幼鸟。"

蓝点辉卷尾头部和身体上下表面均为深黑色；头部的羽毛上有一个深金绿色的新月形斑纹；身体，尤其是胸脯部位的羽毛端部有一个深金绿色的斑点；翅膀和尾羽为明亮的深绿色；下翅膀覆羽为黑色，端部为白色；虹膜为棕红色；鸟喙和脚爪为黑棕色。

插图中的样本是在埃辛顿港捕获的。

灰扇尾鹟

英文名 | White-shafted Fantail　拉丁文名 | Rhipidura albiscapa

灰扇尾鹟

鸣禽／雀形目／扇尾鹟科／扇尾鹟属

栖息在澳大利亚各地区的灰扇尾鹟在羽毛颜色深度方面表现出了较大的差异：塔斯马尼亚地区的样本总是比澳大利亚大陆其他地区的样本颜色深许多，而尾羽上则少一些白色的斑纹。西澳大利亚的样本颜色要浅一些，相比南澳大利亚或新南威尔士的样本，它们尾部的白色部分则要多许多。插图中的灰扇尾鹟参照塔斯马尼亚地区的样本绘制，因此颜色是最深的。

据我目前对灰扇尾鹟的了解，我倾向于认为它们是留鸟而不是候鸟。它们仅仅会在季节变化时短途迁徙到食物丰富的地方。夏季它们会来到更加开阔的地区，秋季又返回到茂密的灌木丛和温暖隐蔽的山涧中，因为那里有丰富的食物，比如蚜虫和其他的小昆虫，而且它们也似乎只以这些昆虫为食。

隆冬时节，我在塔斯马尼亚岛上惠灵顿山向阳面的山谷中看到了灰扇尾鹟；我认为它们并不会迁徙，而是仅仅在寒冬时候来到这里躲避阴冷的西南风，寻找仍然生活在那里的昆虫。

灰扇尾鹟总是成双成对地出现，但是我也时常能看到四五只鸟儿一起觅食。高大树木的高处枝干、一般高度的树木和溪流边枝叶茂密的阴郁山谷都是这一物种的栖息地。它们总是从栖坐的地方冲出去，捕捉不远处的昆虫，接着返回原处栖坐下来。而在空中飞行时，灰扇尾鹟会做出一系列活泼优雅的动作，一会儿垂直攀升，不断地完全伸展开尾羽，一会儿又陡然间跌落下来。有时它们又会在枝丫间穿梭，在花朵和枝叶间寻找昆虫，不断发出甜美的唧唧啾啾声。

灰扇尾鹟的繁殖期比较晚；它们很少会在10月份以前开始繁殖。在10月份及以后的三个月里，每一对灰扇尾鹟会繁殖2~3窝幼鸟。它们精致的小鸟巢形状十分像一个酒杯；筑巢的技艺也十分精妙。外巢是用桉树的内皮编织，内巢铺陈着树蕨和苔藓的花茎。巢穴外部用蜘蛛网缠绕，不仅保证了巢穴的结构足够结实，也保证了鸟巢牢固地坐在树干上。灰扇尾鹟选择的筑巢环境各不相同：我在茂密的灌木丛中央、开阔的森林中以及俯视着山间溪流的树枝上都见到过这些鸟巢，但是这些鸟巢距离地面都不远。鸟卵总是有2枚，底色为白色；表面密布着棕色的斑点，大的一端斑点尤其多。幼鸟尚未离巢时就会长出和成年鸟儿相似的羽毛，只有副翼羽和翅膀覆羽边缘为棕色。这一特征在第一次换羽之后就会消失。成年鸟儿外形都十分相似，只有通过解剖才能辨别雌雄。

灰扇尾鹟是我们能想象到的最温和驯服的鸟儿之一。人走到离它们不远的地方也不会将它们惊起；一些鸟儿甚至会飞进灌木丛中的民房中捕捉小飞虫。然而在繁殖期间，入侵者出现在它们的巢穴附近时，它们会表现得十分焦躁。随着我们靠近，这些小家伙们会变得越来越暴躁不安。若是悄悄地靠近而不被发现，我们常常会看到一只鸟儿升起在空中歌唱，而另一只鸟儿则在认真地孵卵。

灰扇尾鹟十分普遍地分布在澳大利亚的南部地区，而且极有可能在这片开阔的土地上的任一地区都有它们的身影。

嬉戏阔嘴鹟

英文名 | *Restless Flycatcher*　拉丁文名 | *Myiagra inquieta*

嬉戏阔嘴鹟

鸣禽 / 雀形目 / 王鹟科 / 阔嘴鹟属

嬉戏阔嘴鹟分布在澳大利亚大陆的所有南方地区，栖息在天鹅河的嬉戏阔嘴鹟似乎与栖息在新南威尔士地区的同样为数众多。在这些地区，我考察过的每一个地方都普遍地栖息着许多这样的鸟儿。无论是在茂密的灌木丛中，还是在开阔的原野里，嬉戏阔嘴鹟显然都是一种留鸟。它们是一种具有很多独特而又非凡习性的鸟儿。嬉戏阔嘴鸟不仅会像霸鹟那样捕食，还常常完全像一些小隼那样突然冲到森林或田野中的空地上空，快速地扇动翅膀，悬停在空中捕捉猎物，不时还会垂直着飞落在地面上，捉住任何吸引了它们注意的昆虫。就是在这样的捕食活动过程中，它们才会发出一种奇特的声音。也正因如此，当地的人们把这种鸟儿叫作"研磨机"。嬉戏阔嘴鹟非凡的习性吸引了所有对新南威尔士的自然历史有兴趣的人的注目。卡利先生说："嬉戏阔嘴鹟的动作十分奇异。停落在一个树桩上以前，它们会几次沿着一个半圆形的轨迹飞行，翅膀伸展着，同时发出大而吵闹的声音；这声音与研磨机工作时发出的噪音相似。我常常看到这样的鸟儿停落在我家的屋脊上，停落之前也做出同样一番动作。"莱瑟姆先生说："它们有时会在离地面61厘米的空中盘旋，接着又会突然冲向某个东西。仔细观察才发现那原来是一种蠕虫。这种鸟儿的叽啾鸣声和伸展着翅膀的夸张动作似乎将这可怜的虫子吓晕了，于是它钻出地下的洞穴，成了鸟儿的腹中美餐。"吉尔伯特先生在西澳大利亚对嬉戏阔嘴鹟做了观察，我将他对这一物种习性和行为的描写摘录在了下面。

"成对的嬉戏阔嘴鹟一起生活在各种各样的环境中。通常它们会不断地鸣叫，这鸣声大而沙哑；它们还会发出一声大而清晰的哨音。但是它们最常发出的鸣声还是如澳大利亚的殖民者们所说的那样，就像一台研磨机在工作。它们只有在空中盘旋着觅食时才会发出这样的叫声，不了解这一点的人听见了这样的声音很难会想到是有一只这样的鸟儿在附近觅食。它们的飞行方式最简单，也最为优雅。

在树木之间穿梭时，它们几乎从不会升得很高，而是水平飞行，尾羽仅仅稍稍展开，翅膀的动作也十分小。它们在这样飞行时会发出上面提到的那种沙哑鸣叫。像研磨机一样的声音则总是在它们优雅地盘旋时才会发出。它们这样做的目的似乎是为了吸引地面上的昆虫，因为每当这样的鸣声结束，它们总会降落在地面上，捡起什么，接着飞去附近的树上，然后又发出尖锐清晰的哨音。"

嬉戏阔嘴鹟的食物包括各种昆虫，而且据说它们也会吞吃一些蝎子。

9—11月是它们的繁殖季节。我在新南威尔士观察到的鸟巢十分整洁；这个鸟巢呈杯状，巢穴外层是用蜘蛛网粘合起的青草，内巢则是一些非常柔软的须根和一些羽毛。这些鸟巢常常被建在俯瞰着水面的水平树枝上。一个鸟巢中有时只有2枚鸟卵，但是更多时候则有3枚卵；卵为暗白色，中央部分有栗色和灰棕色斑点形成的清晰环纹。吉尔伯特先生在西澳大利亚发现的鸟巢十分整洁漂亮：这些鸟巢是用蜘蛛网、柔软的干草、细细的桉树内皮和像纸一样柔软的白千层灌木树皮等材料营建的；内巢则通常是羽毛或细长的青草，有时也会有一些马鬃。嬉戏阔嘴鹟一般将鸟巢建在我们最难以接触到的水平枯枝末端的上侧。这些鸟儿十分不愿意离开鸟巢，哪怕自己被捕捉也不会抛弃鸟卵。

雌雄鸟儿的羽毛十分相似，但是雌鸟和雄性幼鸟的眼端或鸟喙和眼睛之间的部分并不像雄鸟的那样黑。

插图中上方的鸟儿胸脯部位为红褐色，许多鸟儿的胸部羽毛为红色。

铅灰阔嘴鹟

英文名 | *Leaden Flycatcher*　　拉丁文名 | *Myiagra rubecula*

铅灰阔嘴鹟

鸣禽／雀形目／王鹟科／阔嘴鹟属

铅灰阔嘴鹟是新南威尔士的一种夏候鸟。它们在溪流和低洼河谷边的高大树木上筑巢，捕食躲在树枝阴凉处的昆虫。成对的铅灰阔嘴鹟一起生活，稀稀疏疏地分布在树林中。雄鸟常常会发出一种低沉的哨音，显然这时候求偶的季节就要到来了。不过我并没有机会观察在求偶和繁殖季节以外的时候它们是否也会鸣叫。在冬天将要到来的时候，它们会从新南威尔士启程返回北方。直到次年的8—9月份它们才会再次露面，因为这时候春天才回到南半球。

铅灰阔嘴鹟是一种十分活跃的鸟儿；而事实上它们也总是为自己生活的地方增添了许多生气。即使在休息或者不捕食的时候，它们也总是夸张地不断伸展尾羽。这样的行为常常会将它们暴露在敌人的视线中。

雌雄鸟儿的羽毛颜色存在较大的差异；雌鸟的喉部为明亮的锈红色，而雄鸟的喉部则是富丽的绿铅色，和上体表一样。雄性幼鸟在第一年里与雌鸟十分相似，只有通过解剖才能将二者区分开。

新南威尔士似乎是铅灰阔嘴鹟的超级托儿所，我从来没有在塔斯马尼亚岛或澳大利亚的其他地方观察到这一物种。那么在一年中寒冷的季节里，它们又去了哪里呢？北部海岸边的树林中栖息着一种十分相似但又明显不同的物种；因此铅灰阔嘴鹟不可能飞过这个国家，也不可能在另一种鸟类群中找到容纳它们过冬的地方。然而如果我们仔细去看一看澳大利亚广阔的土地，可以想象或许澳大利亚中部可能没有我们通常猜测的那样荒芜，因此也许铅灰阔嘴鹟以及众多的其他鸟儿都在这一地区找到了过冬之所。那么许多物种神秘的出现和消失也便有了合理的解释。

铅灰阔嘴鹟的鸟巢呈杯状，极深，使用苔藓营建，内巢整齐地铺设着羽毛。这些鸟巢通常建在树木水平的枝条上。我没能寻获它们的鸟卵。

白喉噪刺莺

英文名 | *White-throated Gerygone*　拉丁文名 | *Gerygone olivacea*

白喉噪刺莺

鸣禽／雀形目／细嘴莺科／噪刺莺属

这一活泼好动的小鸟是一种留鸟，在新南威尔士各地区有丰富而广泛的分布；但是相比海岸边的灌木丛，它们更喜欢开阔的桉树林。我在上猎人河地区的每一个地方都发现了许多白喉噪刺莺。它们几乎总是栖息在桉树林中，不断发出一种奇异且不那么悦耳的鸣声。与它们的近亲们一样，白喉噪刺莺在树木的小枝叶间十分活跃，忙碌着捕食昆虫。昆虫几乎是它们唯一的食物，而为了捕获这种食物，它们会飞到各种高度的树木树冠中觅食——小到1.8米高的树苗，大到参天大树，都会成为它们的目标。

我认为一种与当前这一物种十分相似的鸟儿栖息在澳大利亚的北部海岸。它们尾部的特征十分引人注目，与白喉噪刺莺明显不同。

1月份我捕射了几只刚刚离巢不久的幼鸟，但是遗憾没能找到它们的鸟巢。

雌雄鸟儿的羽毛颜色和特征十分相似；但是第一年的幼鸟与成年鸟儿不同，它们的喉部与胸脯部位颜色一致，不是白色。

头冠部、耳部覆羽和整个上体表为橄榄棕色；喉部为白色；胸部和整个下体表为明亮的香橼黄色；两支中央尾羽为棕色，其他尾羽基部为棕色，其上是一条白色斑纹和一条更宽的深黑棕色斑纹；两支中央尾羽以外的羽毛端部内羽片为浅黄白色；鸟喙为黑棕色；虹膜为猩红色；一些样本的脚爪为黑棕色，另一些则为浅棕色。

插图中为一只成年鸟儿和一只当年的幼鸟。

BIRDS OF AUSTRALIA
VOLUME Ⅲ
OSCINES (I)

卷 三

鸣 禽（Ⅰ）

绯红鸲鹟

英文名 | Scarlet-breasted Robin　拉丁文名 | Petroica boodang

绯红鸲鹟

鸣禽 / 雀形目 / 鸲鹟科 / 岩鸲鹟属

从东部的新南威尔士到西部的天鹅河上，包括塔斯马尼亚岛和所有南部海岸外的小岛屿，都栖息着这种美丽的小鸟。

尽管绯红鸲鹟常常会到地面上来，但是它们还是更多地栖息在树上。因此它们也多了一些适应树栖生活的习性。而开阔的平原和贫瘠的不毛之地边缘低矮的小灌木丛和树林，是它们最喜欢到访的地方。

它们的食物只包括各种昆虫，而独特的身体结构则能够保证它们捕捉到蚜虫和快速飞行的其他昆虫以及不那么灵敏的甲虫。

当我们远离故乡千里万里，任何能够让我们联想起自己家乡的东西总是让我们备感亲切，并且寄予无限的深情。因此当这种迷人的鸟儿飞进了我们的花园中，甚至窗户里时，它们很快成了我们最爱的一种鸟儿。它们美丽的外衣更加鲜艳，猩红色、墨黑色和白色形成的鲜明对比让它们成了澳大利亚最美丽的一种鸟儿。在仔细地对比了大量绯红鸲鹟样本以后，我发现它们胸脯部位的猩红色也像欧洲的知更鸟那样是在第一个秋季生长出来的，并且此后再也不会消失。不过正如我所料，这一颜色在鸟儿的繁殖期里最为鲜艳明亮。

它们的歌声和求偶鸣叫都与欧洲的知更鸟十分相似，但是它们的鸣声更加微弱，声音更加内敛。

绯红鸲鹟的鸟巢是一个用干草、细树皮、苔藓和地衣建成的十分紧凑的小结构体。用蜘蛛网和植物纤维牢牢地固定，而其巢内也铺设着温暖的羽毛、羊毛或其他动物的毛发。我甚至在一些鸟巢中发现了负鼠毛。这些鸟巢常常被建在树木中空的树干中，或者距离地面1.8~2.1米的小树缝里，不过我还在一棵超过9米高的笔直小树的树杈上见到过一个这样的鸟巢。鸟卵通常有3~4枚，为绿白色，略微有蓝色或肉粉色的着色，以及十分细密的橄榄棕色和紫灰色的斑点。

一对绯红鸲鹟在一个繁殖季节中通常养育2~3窝幼鸟，它们的繁殖季节从8月份开始，到次年2月份结束。

火红鸲鹟

英文名 | Flame-breasted Robin　拉丁文名 | Petroica phoenicea

火红鸲鹟

鸣禽 / 雀形目 / 鸲鹟科 / 岩鸲鹟属

塔斯马尼亚岛以及澳大利亚大陆的东南部地区是这一物种的自然栖息地；在前一地区火红鸲鹟十分常见，但是在新南威尔士和南澳大利亚它们的数量并不多，而且栖息的地域也十分有限。它们并不像绯红鸲鹟那样喜欢栖息在树上；相比树林，它们更喜欢开阔的荒地和耕田。它们常常会选中一块地势有利的大岩石、土块或者其他的物体，然后栖坐上去夸张地炫耀自己胸脯上的美丽颜色。随着繁殖季节的到来，它们会回到森林中，在树缝中或相似的地方上筑起杯状的鸟巢。火红鸲鹟是一种十分喜欢亲近人类的鸟儿。它们不仅不会躲避人类，反而还会主动地寻找人类的身影。它们十分乐意在人类的花园、果园和其他耕作过的土壤上筑巢。霍巴特镇的人们一年到头都能见到这种鸟儿，我甚至在该镇街道的斜坡上收获了一个鸟巢。

火红鸲鹟的食物包括各种昆虫。它们主要在地面上捕猎这一食物。

这一物种的歌声有些低沉而内敛，但是听起来十分欢乐；雌鸟在孵卵时，雄鸟常常会在它的上方或附近歌唱。

火红鸲鹟的鸟巢厚而温暖，是用柔软的树皮、蜘蛛网和一些羊毛编织而成的。巢内是一些毛发和羽毛，有时也会有一些毛发状的青草。鸟卵整体为绿白色，有紫色和栗棕色的大小斑点；这些斑点特征变化较多，一些鸟卵有大块醒目的、不规则的斑点和斑块，而另一些则只有十分细小的斑点；鸟卵有3枚。

我还不了解这一物种会经历的变化，也不清楚它们什么时候会退去红色的外衣。一些着棕色外衣的鸟儿显然也正在繁殖，尽管衣着肃穆，人们还是能听到它们唱歌。相反，绯红鸲鹟似乎是在第一个秋季长出红色的胸脯羽毛，因为我在2月8日捕射了一只有着红色胸脯的样本，而其他部分的羽毛颜色则显示它仍是一只幼鸟。

华丽琴鸟

英文名 | *Superb Lyrebird*　拉丁文名 | *Menura novaehollandiae*

华丽琴鸟

鸣禽／雀形目／琴鸟科／琴鸟属

如果有人让我推荐一种澳大利亚的鸟儿作为澳大利亚的象征，那么我一定毫不犹豫地认为琴鸟是最合适的选择。它们不仅是澳大利亚的独有物种，而且据目前所知还是新南威尔士的独有物种。

华丽琴鸟是我见过的最怕人、最难捕获的鸟类之一。我在灌木丛中寻找它们时，四周有许多这样的鸟儿，它们连续几天清澈大声地鸣叫着，我却始终没能看到它们一眼。它们常常在最人迹罕至的山涧和陡峭的崖壁上出没，这些地方往往长满了大片的攀缘植物和荫翳的树木。在这些地方要想成功地看它们一眼，必须得有惊人的毅力和高度集中的注意力：树枝的响动、小石子的滚落以及任何其他的声音，无论有多么微弱，都足以惊吓到这些鸟儿。

尽管如此，琴鸟也不总是如此警惕。在一些人们常走过的树林中，我们常常能看到这些鸟儿，甚至还可以骑着马靠近它们；对于这些动物，它们显然没有像对人那么恐惧。在伊拉瓦拉，这种鸟儿有时能够成功地被接受过专门训练的猎狗追上，当它们立即飞上附近的树杈，一心注视着下面狂吠的猎犬时，猎人们常常能轻松地走到它们附近，将它们捕射。另一种捕猎这种鸟儿的方法是将一只成年雄鸟的尾羽系在一顶帽子上，然后将帽子放在树林中不断地摇动，而猎人隐藏起来。这时候华丽琴鸟被这只突然出现的情敌和对手惹怒了，不知不觉就会走到猎人的枪口下。没有人能比赤条条的黑人更懂得捕捉这种鸟儿的技巧了。他们迈着静悄悄的步子灵敏地在树木间游走，手中的枪子儿从来不会虚发。很多时候他们甚至能用自己原始的武器捕捉一些这样的鸟儿。

华丽琴鸟喜欢四处游荡。它们或许一直生活在一片灌木林中，但是它们却会从树林一头走到另一头，从山顶来到山涧深处。陡峭崎岖的崖壁对它们纤长而肌肉强健的腿来说完全算不上难关。它们还极为擅长跳跃，据说它们可以从地面垂直跃起3米高。华丽琴鸟似乎喜欢独居，我从来没有见到一对以上的鸟儿一起生活。

而且也仅仅见到过一次在一起的一双鸟儿。它们都是雄鸟，那时它们正在快速地转圈追逐，显然是在玩耍，不时地发出一声大而尖锐的鸣叫。在这种鸟儿众多奇特的习性中，唯一一种与冠水雉有些相似的，是它们也会筑起圆形的小土丘，并且在白天不断地光顾那里。雄鸟会一直在那里重重地踏步，同时十分优雅地竖起展开的尾羽，发出各种各样的鸣叫，有时也会发出平常的音符，有时则会模仿其他鸟儿的鸣声，甚至模仿当地的狗或澳洲野狗的狂吠。清晨和日暮时分，华丽琴鸟最为活跃。

华丽琴鸟的高贵完全仰仗于美丽的尾羽；新的尾羽在2—3月份开始出现，但是要在6月份才完全长齐。在这段时间以及之后的4个月里，这种鸟儿最为美丽。接着这些羽毛又开始脱落了，它们又变成了原来的模样。我倾向于相信这时候的尾羽是一起长出来的，因为一个当地人带到我的营地的一只鸟儿尾羽不足16厘米长，羽毛长度相同，都在生长中。我在我的笔记中发现了下面的话："3月14日，利物浦山脉。今天捕射了几只琴鸟；它们的尾羽还没有长齐。""10月25日，我发现这一鸟儿的尾羽正在脱落，而且看上去这些尾羽在两周内就会全部掉光。"

华丽琴鸟的食物似乎主要包括昆虫，尤其是百足虫和甲虫；它们的砂囊肌肉十分强健，我还在其中发现了一些残存的有壳蜗牛。

我仅仅发现过一次华丽琴鸟的鸟巢，而且很遗憾那是在繁殖季节过后。这种鸟儿要么把鸟巢建在树脚下突出的岩石壁架上，要么建在树桩上，总是很靠近地面。我遇见的一位伐木工人告诉我说他曾经发现过一个华丽琴鸟的鸟巢，用他自己的话说，"这个鸟巢和喜鹊的巢穴一样"。他又补充说，这个鸟巢中有1枚卵，不久后他再次去看这个鸟巢时，发现其中有一只新孵化的幼鸟。这只鸟儿很脆弱，还没有睁开眼睛。当地人说，华丽琴鸟的鸟卵通常有2枚，颜色浅，有红色的斑点。我看到的鸟巢建在岩石突起处，这样的位置很隐蔽，又居高临下，为鸟儿提供了极好的侦查危险的角度和开阔的退路。这个鸟巢极深，形状像一只水盆，外观看上去似乎有拱顶。鸟巢尺寸极大，外巢是用树枝编织起来的，巢内是树木的内皮和须根。

华丽细尾鹩莺

英文名 | *Blue Wren*　拉丁文名 | *Malurus cyaneus*

华丽细尾鹩莺

鸣禽／雀形目／细尾鹩莺科／细尾鹩莺属

华丽细尾鹩莺是同属鸟类中最先被我们了解的一个物种。在新南威尔士的每一个地方，它们都有十分丰富的分布，我在北方的内陆平原上也观察到过同样多的华丽细尾鹩莺，还在南澳大利亚捕射过一些样本。但是这些样本是否就是这一物种，还需要进一步确定。

华丽细尾鹩莺喜欢到访荒蛮贫瘠的地区。靠近溪水和山涧中的稀稀疏疏的杂草丛是它们最喜欢的栖息地。在冬季的几个月里，6~8只鸟儿组成的小鸟群会一起活动。它们或许是由一对亲鸟和它们的幼鸟组成的小家庭。华丽细尾鹩莺十分喜欢四处游荡；尽管它们似乎从未真正离开一个地方，但是它们会不住地移动，在日暮时分来到固定的休息处休息。在一年当中的这段时间里，雌雄鸟儿的样子十分相像，要将它们区别开需要细致入微的检查。不过，成年雄鸟的鸟喙四季都是黑色的，而雄性幼鸟只有在第一年里才是如此。雌鸟的这一器官则总是棕色的。尾羽和主翼羽一年仅换羽一次，雄鸟的尾羽相比雌鸟是更深的蓝色。在春天到来时，它们就会成双成对地离开。雄鸟经过一番装扮，不仅羽毛的颜色改变了，连羽毛的质地也发生了改变。事实上，没有比这一变化更让人惊讶的了，它们朴实无华的外衣被抛弃了，在短暂的几个月里取代它们的是艳压整个着羽部落的花外衣。显然，除了蜂鸟和伞鸟，没有比它们更美丽的鸟儿了。变化不仅在羽毛上发生，雄鸟的生活习性也会发生显著的改变。它们仿佛脱胎换骨，这些小家伙们开始展示它们无穷的魅力，骄傲地卖力展示自己华美的羽衣，不知疲倦地唱起生动的歌儿，直到雌鸟完成孵化工作。这时候对新孵化的幼鸟的巨大渴望又催生了另一种情感，给了它们新的奋斗目标。在清楚地了解了雄鸟的婚羽是在夏季长齐之后，我又努力去观察这些变化具体是在何时发生的。我发现成年雄鸟通常在3月份开始长出蓝色的羽毛，又在8月份准备换冬装。尽管大部分鸟儿都几乎在同一时间里发生了这一变化，但还是有一些鸟儿深冬时节仍然身着艳丽的夏装。或许是某些原因诱使它们没有换去婚羽,或提前换上了婚羽。

冬季时没有哪一种鸟儿比它更温和、更喜欢亲近人类了。它们常常来到人类的花园和灌木林中,在人们的房前跳跃,仿佛在祈求人类靠近,而不是躲避人类。但是换上婚羽的雄鸟会变得更加胆小,不愿意亲近人类,似乎对它美丽的外表给它带来的危害有本能的感知。尽管如此,它们还是会在人类最拥挤的地方筑起小小的巢穴,养育幼鸟。悉尼植物园中每年都会有几窝华丽细尾鹪莺被孵化养大。华丽细尾鹪莺的翅膀短而圆,不适合长时间飞翔,但是它们却能够灵敏迅速地越过一片地方,这一本领完全弥补了它们飞行能力的不足。它们这种前行方式几乎称不上是奔跑,而更像是连续的单足蹦跳。它们的动作十分敏捷,尾羽垂直举起或者向背后倾斜。事实上,除了在飞行中,这一器官几乎从不会被水平摆放。

繁殖季节从8月份持续到次年1月份。在这期间,每对鸟儿会养育2~3窝幼鸟。前一窝幼鸟刚刚能够自己觅食,雌鸟就开始再次产卵了。除了养育自己的幼鸟,它还要孵化养育一只金鹃。

华丽细尾鹪莺的巢穴呈圆顶屋状,侧面留小洞作为入口。这些鸟巢通常是用青草建成,内巢铺设有羽毛或其他动物的毛发。它们常常在靠近地面的地方筑巢,比如隐蔽的灌木、草丛或堤坝下。鸟卵通常有4枚,为细腻的肉白色,上面有红棕色的大小斑点。这些斑点在鸟卵大的一端更密集,形成了不规则的圈带。

华丽细尾鹪莺的鸣声是一种十分急促、难以描述的曲调。它们的胃肌肉强健。食物包括各种昆虫。它们在地面上,也在倒地的树干上觅食。

插图中为两只雄鸟和一只雌鸟以及巢穴,前者正在给一只杜鹃幼鸟喂食。

红背细尾鹩莺

英文名 | *Red-backed Fairywren*　拉丁文名 | *Malurus melanocephalus*

红背细尾鹩莺

鸣禽／雀形目／细尾鹩莺科／细尾鹩莺属

我从来没有在新南威尔士以外的地区看到过红背细尾鹩莺，因此我相信澳大利亚的东南部地区是它们唯一的自然栖息地。红背细尾鹩莺对栖息地的环境有一定的要求，它们并不像其他的物种那样广泛地分布在地面上，而仅仅在青草山涧和河谷地区生活。山脉地区的这一环境最受到它们的钟爱。我在利物浦山脉的山谷中高高的青草间发现了几对羽毛非常漂亮的成年鸟儿。我在那里的时候正值它们的繁殖季节，因此我观察到的鸟儿们都是两两成对，每对鸟儿在相隔一定距离的地方筑巢休息。

红背细尾鹩莺与华丽细尾鹩莺有许多的相似之处，也总是会保持尾羽直立。它们常常也会栖坐在最高的青草茎上，炫耀着自己绚丽的背部羽毛，唱着简单的歌儿。尽管我知道它们就在我身边孵卵育雏，但是我却没能找到它们的鸟巢。这些鸟巢或许被建在了草丛中，但是它们的建造技巧如此巧妙，我尽了全力也没能找到它们。

我们很容易想到，红背细尾鹩莺醒目的背部羽毛是适应它们在潮湿茂密的山谷草地中的生活才长起来的，但是雌鸟并不具备这样的羽毛，而雄鸟也只有在繁殖季节才会长出这样的羽毛，因此这样的猜测显然是不合理的。雌雄鸟儿的冬装十分相似，但是雄鸟的鸟喙和尾羽为黑色。当年的雄性幼鸟尾羽为棕色，与雌鸟一致；而且奇怪的是，在这一阶段这些羽毛比成年鸟儿的尾羽还要长。

红背细尾鹩莺不具备很好的飞行能力，不能够长时间飞行；但是另一方面，它们的奔跑能力和攀爬能力却极为卓越。

红背细尾鹩莺的繁殖季节或许从9月份开始，一直持续到1月份；它们的食物是各种昆虫。

插图中的雌雄鸟儿着夏羽，一只雄性幼鸟正在换羽。这株草是新南威尔士当地的一种青草。

西刺莺

英文名 | *Western Bristlebird*　　拉丁文名 | *Dasyornis longirostris*

西刺莺

鸣禽／雀形目／刺莺科／刺莺属

西刺莺是西澳大利亚的本地物种，它们广泛地分布在天鹅河地区。西刺莺最喜欢芦苇丛和高高的青草丛，有时也会在树丛中出现。吉尔伯特先生说："西刺莺十分胆小，要看到它们的身影并不容易。我很少能在野外观察到这种鸟儿，因此在我看来它们似乎只在地面上觅食。西刺莺会竖起尾羽奔跑，速度十分迅速。当它们栖坐下来时，它们的尾羽要么保持水平，要么会垂下来。我们有希望捕获这种鸟儿的唯一机会是当它们飞到小树枝或小树冠中歌唱时。它们的鸣声多变，有时声音大、清晰而绵长，很像一首歌儿。但是没有哪两只西刺莺的歌儿是相似的。

"它们总是飞得极低，而飞行的样子笨拙。事实上，这种鸟儿似乎从不会飞过小树或高高的青草之上几米高的地方。因此我们很少在树上看到它们。

"鸟巢是用干草编织而成，巢内没有铺设内衬。鸟巢呈球状，一侧有开口，形状较大。我见到的唯一一个鸟巢营建在一丛杂乱的草丛中，周围有枯树遮蔽，离地面只有18厘米左右高。这个鸟巢中有2枚卵，底色为暗淡的棕白色，有紫棕色斑块和斑点。鸟卵大的一端斑点尤其多。

"西刺莺的胃厚实而强健，食物包括种子和昆虫。"

雌雄鸟儿十分相似：整个上体表为棕色；翅膀、尾羽覆羽和尾羽为红棕色，后者有模糊的深色斑纹；下体表为灰色，上体表逐渐变为棕色；虹膜为明亮的红棕色；上颌为棕色，下颌端部为蓝绿色，基部为绿白色；腿为蓝灰色。

黄喉丝刺莺

英文名 | Yellow-throated Sericornis　拉丁文名 | Sericornis citreogularis

黄喉丝刺莺

鸣禽／雀形目／细嘴莺科／丝刺莺属

黄喉丝刺莺是我们目前已发现的丝刺莺属鸟类中最大、最美丽的一个物种。据我了解，它们的栖息地仅分布在澳大利亚的东南部地区，而且它们仅仅生活在那里的灌木丛中。我在伊拉瓦拉、猎人谷以及利物浦山脉的雪松林中都观察到过这一物种。它们在森林中最隐蔽的地方出没，在山谷和高大树木的树冠下生活，在树蕨的枝条上、倒地的参天桉树的树干上以及长满苔藓的岩石上单足蹦跳。它们几乎不会飞翔；若是受到惊吓，它们就会跳进杂草丛中躲藏起来。它们的食物包括各种昆虫。它们在青草地、倒地的枯树和大岩石上轻松敏捷地跳动，寻找着这些食物。

黄喉丝刺莺最有趣的一个特点就是它们选择的筑巢环境。所有那些曾在澳大利亚的森林中旅行过的人都一定注意到过，在最茂密潮湿的森林中，各种各样的苔藓繁茂迅速地生长，这些苔藓不仅在枯树的树干上生长，还成簇成团地攀附在树木低垂的枝头。鸟儿们常常就在这一团植物中间巧妙地筑起巢穴，这时候我们要发现这些鸟巢实在不是一件容易的事。这些苔藓形成的团簇常常有近1米长，有时悬在十分靠近地面的地方，甚至会打到从那里走过的探险者。但是在一些稠密的枝叶遮蔽着较大空间的森林中，也有一些这样的苔藓组织悬在高高的树梢上。无论你在怎样的情景中遇到它们，它们总是那里最醒目和奇特的一道风景线。尽管其中的鸟巢常常会被风吹得四处飘荡，当大树被摇动时，这些鸟巢也面临着分崩离析的危险，但是里面的小主人却认为它们足够安全，可以躲避各种危险和入侵。因此我常常能够活捉卧在其中孵卵的雌鸟。一旦发现了这些巢穴，只要小心地将手堵在它们的洞口，就能很容易地捕捉到这些鸟儿了。

黄喉丝刺莺的鸟巢是用树木的内皮和绿色的苔藓编织而成，而这些苔藓还会不断生长。有时候干草和须根也会成为筑巢材料的一部分，巢穴内部是温暖的羽毛。鸟卵有3枚，形状细长，颜色差异较大。

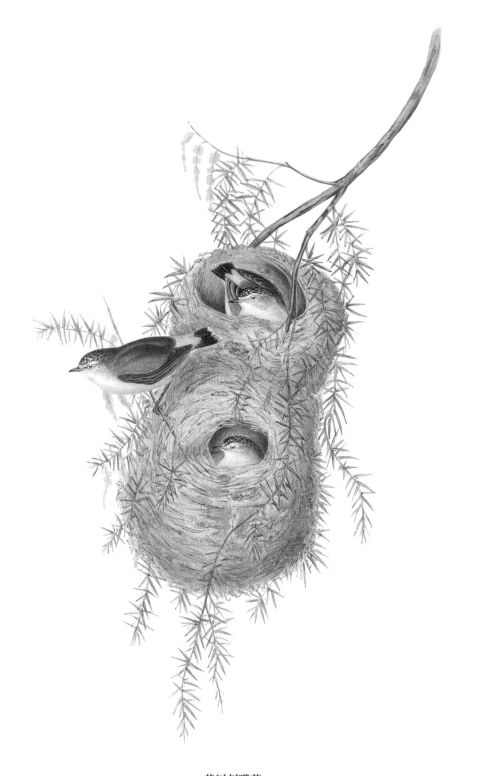

黄尾刺嘴莺

英文名 | Yellow-rumped Acanthiza　　拉丁文名 | Acanthiza chrysorrhoa

黄尾刺嘴莺

鸣禽／雀形目／细嘴莺科／刺嘴莺属

这一众所周知的物种栖息在塔斯马尼亚岛和南澳大利亚以及新南威尔士。在所有这些地区，它们都是一种留鸟。6～10只黄尾刺嘴莺通常一起活动。这些鸟儿十分温顺，在我们走到离它们很近的地方时才会起飞。但是它们飞行很短的距离后就会再次落下来。在短途飞行时，它们黄色的尾羽十分醒目。

黄尾刺嘴莺很早就开始繁殖，一年至少会繁殖3窝幼鸟。巢穴结构粗糙，是用树叶、青草和羊毛等营建，呈圆顶屋状，一侧有小洞作为入口。一对鸟儿连续几年都会使用同一个巢穴。奇异的是，在这个鸟巢旁边往往还有一个小小的杯状巢穴。这第二个巢穴有时被建在第一个巢穴的上部或旁边。我们猜测这可能是雄鸟的休息处，雌鸟在孵卵的时候，雄鸟会坐在旁边陪伴着。这种建在一起的两个鸟巢，我发现过许多，但是从没有机会确定第二个巢穴的用处。黄尾刺嘴莺常常在人们的花园中生活，并会在任何低矮的灌木上建起这种奇怪的巢穴。这些巢穴的大小各异，一些巢穴要比插图中的鸟巢大许多。鸟卵通常为漂亮均匀的肉色，一些鸟卵上有十分细小的红黄色斑点，大的一端有斑点形成的圈带；鸟卵有4～5枚。

黄尾刺嘴莺也是金鹃为自己的幼鸟选择的养父母之一。我几次在黄尾刺嘴莺的鸟巢中发现杜鹃的鸟卵和幼鸟。鸟巢中若是有杜鹃幼鸟，那么这种寄生鸟儿就会是这个巢穴的唯一住户。

黄尾刺嘴莺的歌儿十分动听，许多音符与欧洲的金翅雀十分相似。它们的食物包括小甲虫和其他昆虫。

雌雄鸟儿的羽毛相似。

岩刺莺

英文名 | *Rockwarbler*　拉丁文名 | *Origma solitaria*

岩刺莺

鸣禽／雀形目／细嘴莺科／岩刺莺属

　　没有哪一种岩刺莺属鸟类能比当前这一物种吸引鸟类学家们更多的注意。因此许多人都表现出了去收集更多关于这一物种的习性和特征的愿望。我清楚这一事实，也尽力去留意了这一物种。我发现岩刺莺十分独特，与大多数其他的物种都不相同。这一物种通常栖息在水边和崎岖的岩石山谷中。它们几乎只生活在这样的环境中，从来不会出现在森林中。我也从没有看到这些鸟儿栖在树上。事实上它们似乎并不愿意这么做，甚至不愿意在树上筑巢，而是将鸟巢悬垂在山洞顶部和突出的岩石下面。它们筑巢的方式十分让人惊讶。鸟巢呈椭圆形，球状，是用苔藓和其他相似的材料筑起。这些鸟巢有一个狭窄的脖颈，是我见过的最非凡的鸟类建筑。岩刺莺的繁殖期从9月份一直持续到11月份。在一个漆黑的小山洞中，我们通常能发现3~4个这样的鸟巢。我没能收获一些它们的鸟卵。

　　它们的食物包括各种昆虫。

　　这种鸟儿的鸣叫是低沉的吱吱声；它们在岩石上蹦跳，尾羽弯向身体时会发出这样的鸣声。

　　岩刺莺真正的自然栖息地是新南威尔士，而且据我所知这也是它们唯一的自然栖息地。我从来没有在新南威尔士以外的地区观察到过这一物种。但是在新南威尔士地区，岩刺莺却有着十分广泛的分布。沿海边和内陆山脉上的岩石谷地上都栖息着一些这样的鸟儿，但是数量都不算丰富。

　　雌雄鸟儿羽毛十分相似。

　　岩刺莺的整个上体表和翅膀为暗棕色；尾羽为棕黑色；喉部为灰色；下体表为深锈红色；前额略微有锈红色着色；虹膜为深红棕色；鸟喙和脚爪为棕黑色，前者颜色比后者浅许多。

澳洲鹨

英文名 | Australian Pipit　拉丁文名 | Anthus australis

澳洲鹨

鸣禽 / 雀形目 / 鹡鸰科 / 鹨属

澳洲鹨与许多其他的澳洲鸟类一样十分让人困惑，来自澳大利亚各地区的澳洲鹨样本无论身形还是后趾的长度和形状都有不同。若是有足够的时间去观察和检查野生的澳洲鹨，我或许能调查清楚它们究竟是几个物种。现在我只能暂时认为它们是各地区的变种。但是无论如何，有一点是值得确定的，那就是澳大利亚北方和南方都栖息着一些澳洲鹨，这些澳洲鹨有极大的相似之处。在各种地理环境中，从生长着茂密植被的潮湿低沼地和水湾两岸，到闷热的贫瘠平原，都同样栖息着一些这样的鸟儿。然而我必须说，短趾、身形小的鸟儿在平原上数量最丰富。澳洲鹨与它们的欧洲兄弟在习性和动作方面都十分相似，不过这一物种更加大胆且喜欢炫耀。它们的鸣声也十分相似。澳洲鹨很少会飞到树冠以上，不过偶尔会垂直升到空中，并且一直歌唱。当它们被从地上惊起时很少会飞到远方，仅仅飞上一段短短的路程后便落在附近的地面、树枝或小灌木上。

澳洲鹨的鸟巢极深，是用干草营建，结构极为紧凑。它们在地面上的洞穴中筑巢，这个洞穴有时遮蔽在草丛下，而更多的时候则暴露在开阔的视野中，鸟巢的顶部与地面平齐。鸟卵有3枚，偶尔也有4枚，形状细长，为灰白色，有浅栗棕色和紫灰色的斑块和斑点。

繁殖季节开始于9月初，一直持续到次年1月份；在这段时间里每对鸟儿通常会繁殖2~3窝幼鸟。

澳洲鹨的胃部肌肉十分强健，它们的食物包括各种昆虫和小种子。

雌雄鸟儿的羽毛相似。

插图中的雌雄鸟儿是参考从新南威尔士捕获的样本绘制的。

褐鹨莺

英文名 | *Brown Songlark*　拉丁文名 | *Cincloramphus cruralis*

褐鹨莺

鸣禽／雀形目／蝗莺科／大尾莺属

鉴于在澳大利亚南部栖息着两三个鹨莺属物种，而且这些鸟儿有着较大的相似度，我有必要说插图中的这一物种是春季和夏季在新南威尔士所有开阔地区最常见的一种鸟儿。它们在8月份来到这里，完成繁殖育雏的使命后在次年1—2月份离开。开阔的丘陵地、长满青草的低沼地和玉米田都是这一物种最常栖息的地方。褐鹨莺显然是澳大利亚最好动的一种鸟儿。它们的大部分生活习性和特点与欧洲的云雀十分相似。在春季最初的几个月里，这种鸟儿几乎竖直起尾巴，十分灵活地在地面上跑动，还会飞上树木的枯枝和篱笆，并在上面敏捷地奔跑。在一年当中的这个季节里，我们还能看到雄鸟在它身形更小的伴侣身边奔跑，忙碌着吐出欢乐的歌儿来哄它开心，仿佛它就是全部的世界。褐鹨莺的巢穴总是建在地面上。在雌鸟选好巢穴开始孵卵后，雄鸟总是震颤着翅膀飞到空中，用最生动快活的歌儿为它加油。不久雄鸟又会落到地面上，或者滑翔到附近的树上，不断唱着流畅动听的曲调。

我在上猎人河以及附近的地区发现了大量的褐鹨莺。我捕射了许多只雌雄样本，但是没有一只雄鸟的喉部和下体表是黑色的，而我在菲利普港和南澳大利亚捕获的样本则都具备这一特点。

雄鸟的整体羽毛为棕色，每支羽毛边缘为棕白色；腹部中央有一个大块的深棕色斑纹；鸟喙、口腔内部和舌头为黑色；虹膜为淡褐色；脚爪为肉棕色。

雌鸟颜色相似，但是羽毛有更加宽阔的棕白色边缘，这让它们看起来颜色更浅；下体表颜色也较浅，腹部中央的斑纹更小。

歌百灵亚种

英文名 | Horsfield's Mirafra　　拉丁文名 | Mirafra Horsfieldii

歌百灵亚种

鸣禽／雀形目／百灵科／歌百灵属

我用霍斯菲尔德先生的名字为这一物种命名，来向这位发现该属物种的先生表达敬意。歌百灵稀疏地分布在新南威尔士的所有平原和开阔的地区，但是栖息在山脉和海洋之间地区的歌百灵远比栖息在山脉内侧、靠近内陆地区的少得多。我还有一只来自摩顿湾的样本以及一只来自埃辛顿港的样本。这些鸟儿虽然有一些相同的特征，但是新南威尔士的歌百灵身形要大一些，颜色要红一些，鸟喙要强壮一些。

插图中的歌百灵来自新南威尔士。利物浦平原上的歌百灵数量最丰富。我也在上猎人河地区发现了一些迷路的歌百灵。

歌百灵更多地栖息在地面上，很少在树上生活。它们常常在几乎被踩到时才会起飞，但是很快又会落下来。它们常常栖坐在青草叶上，偶尔也会在树上小憩。它们也像欧洲的云雀一样飞到高空中，久久地唱着婉转的歌儿。但是它们的旋律要比欧洲的鸟儿弱一些。它们栖坐在树上时，偶尔也会发出令人愉悦的鸣叫。

雌雄鸟儿的颜色和身形都相似。

歌百灵整体羽毛为灰棕色，羽毛中央为深棕色，后一颜色也覆盖了整个头部、背下部和三级飞羽；翅膀为棕色，边缘为红褐色；眼上部有一条浅黄色条纹；颌部为白色；下体表为浅黄白色；喉部有一些深棕色斑点形成的新月形斑纹；翅膀下表面为红褐色；鸟喙基部为肉棕色，端部为深棕色；脚爪为肉棕色。

赤胸星雀

英文名 | *Crimson Finch*　　拉丁文名 | *Neochmia phaeton*

赤胸星雀

鸣禽／雀形目／梅花雀科／星雀属

吉尔伯特先生捕获了一些赤胸星雀样本，这些样本现在在我的收藏中。他说："这一鸟儿生活在潮湿的草地上，尤其是那些生长着旋叶松的地方。人们常常能看到这些鸟儿在草地上觅食；一旦受惊，它们总是会飞到那些树上。从7月份到11月份，我们能看到大群这样的鸟儿，有时候甚至有几百只。在这段时间里，大量的赤胸星雀被捕捉，但是只有二四只鸟儿羽翼丰满而漂亮。在11月末，它们或成对或成小群一起活动，但是数量不会超过6只。雄鸟换上了美丽多斑点的红色羽毛。"

赤胸星雀的肌肉比较强健，它们的食物包括青草和各种小种子。

赤胸星雀头冠部为深蓝黑色；眼端、眼睛上部条纹、面部两侧和耳部覆羽为富丽的猩红色；下体表为猩红色，侧腹有白色斑点；腹部中央和下尾羽覆羽为黑色；颈背部和尾部为深棕灰色；背部和翅膀为棕灰色，每支羽毛靠近端部有一条深猩红色条纹；上尾羽覆羽和两支中央尾羽为深红色；其他的羽毛基部为深红色，端部渐变为棕色；鸟喙为富丽的深红色，基部有一条灰白色斑纹；跗跖骨后部和脚内部为赭黄色；跗跖骨前部和脚上表面为赭黄色，有强烈的紫红色着色。

雌鸟体型比它的伴侣要小得多，上体表为棕色，背部和翅膀覆羽的少数羽毛上有与雄鸟相同的红色斑纹；眼端、眼睛上部斑纹、面部两侧、颌部、上尾羽覆羽和尾羽与雄鸟同部分颜色相似，只是略浅；胸脯部位和侧腹为灰棕色，后者有一些白色的小斑点；腹部中央为浅黄白色。

BIRDS OF AUSTRALIA
VOLUME Ⅳ
OSCINES (Ⅱ)

卷 四

鸣 禽 （Ⅱ）

噪八色鸫

英文名 | *Noisy Pitta*　　拉丁文名 | *Pitta versicolor*

噪八色鸫

鸣禽／雀形目／八色鸫科／八色鸫属

我从来没有看见过噪八色鸫活着时的样子，因此我并不能给读者们提供关于它们生活习性和特点的第一手资料。据说这一物种栖息在澳大利亚东部海岸上最人迹罕至的矮树丛中；在从麦奎利河到摩顿湾之间的所有地区，噪八色鸫的数量都十分丰富。在个性方面，噪八色鸫非常像画眉。我们也可以从它们修长的腿来猜测它们更多地栖息在地面上。但是若在栖息地上受到了打扰，它们会立即飞到附近的树枝上。它们的食物是昆虫；浆果和水果或许也构成了它们的一部分食物。

插图中的两只幼鸟以及一只成年鸟儿是在东海岸边的克拉伦斯河边的矮树丛中捕获的。因此这一地区一定是噪八色鸫的繁殖地。噪八色鸫幼鸟和翠鸟的幼鸟一样，从离巢时就长出了成年鸟儿标志性的羽毛。

雌雄鸟儿的羽毛颜色和身形都没有显著的区别；一些据我判断是雄鸟的样本，尾羽比其他的鸟儿有更大的绿色斑点。

头冠部为深锈红色，中央有一条狭窄的黑色斑纹；颌部有一个较大的黑色斑块，包围整个颈前颈后、头部两侧和头冠部；背部和翅膀为纯橄榄绿色；肩膀和小翼羽为明亮的、有金属光泽的天蓝色；尾部有一条同色的横纹；上尾羽覆羽和尾羽为黑色，后者端部为橄榄绿色；主翼羽为黑色，端部渐浅；第四、五和六支羽毛基部有一个小白斑；颈部两侧、喉部、胸脯部位和侧腹为浅黄色；腹部中央有一块黑色斑纹；尾部和下尾羽覆羽为猩红色；虹膜为深棕色；鸟喙为棕色；脚爪为肉色。

斑鹑鸫

英文名 | Spotted Ground-thrush   拉丁文名 | Cinclosoma punctatum

斑鹛鸫

鸣禽／雀形目／啸冠鸫科／鹛鸫属

斑鹛鸫是鸟类学家们最早描述过的澳大利亚鸟类之一，但是到目前为止关于斑鹛鸫的生活习性和特点的信息我们还知之甚少。不过我们已知的这一物种的许多特点都极为有趣。

斑鹛鸫是一种留鸟，栖息地范围极为广阔。在整个塔斯马尼亚岛和澳大利亚东部，从摩顿湾到斯宾塞湾，这一物种都有十分普遍的分布。但是在此以西的地方我没能看到斑鹛鸫的身影。我在南澳大利亚时，也发现它们稀稀落落地栖息在那里。

斑鹛鸫特别喜欢低矮的岩石山岭和崎岖溪谷，尤其是那些生长着小树和青草的地方。它们的飞行能力有限，也几乎很少起飞。只有在遇到溪谷或要从一棵树飞到另一棵树上时，它们才勉强会这么做。但是斑鹛鸫却拥有极为卓越的奔跑能力，可以在崎岖的岩石上敏捷地奔跑，及时地将自己藏进灌木丛中。

斑鹛鸫几乎不会栖坐在树木的小树枝上，而常常会在澳大利亚森林中倒地的木材上奔跑。

不像其他鸫科鸟类那样拥有甜美的歌声，这一物种的鸣声仅仅包括一个低低的尖声哨音。它们常常在灌木丛中发出这样的鸣叫，就这样暴露了位置。

10月份以及此后的3个月是这一物种的繁殖期。在这一段时间里，每对斑鹛鸫都会繁殖2～3窝幼鸟。斑鹛鸫的鸟巢结构稀疏粗糙，用树叶和树木的内皮建成，呈圆形，巢口大。它们总是将鸟巢建在大岩石、树桩或草丛下的地面上。鸟卵有2枚，有时有3枚。卵壳为白色，有橄榄棕色的大块斑点。幼鸟在两天大的时候全身就长出细密的黑色长绒毛，并且很快就掌握了奔跑的能力，在很早的时候就长齐了成年鸟儿的羽毛。在此以后，斑鹛鸫便不再换羽。

它的胃部肌肉强健，解剖时我们在其中发现了一些残存的草种子和毛毛虫，以及一些沙子。

斑大亭鸟

英文名 *Spotted Bowerbird*　　拉丁文名 *Chlamydera maculata*

斑大亭鸟

鸣禽／雀形目／园丁鸟科／大亭鸟属

斑大亭鸟与紫光园丁鸟有较近的亲缘关系。斑大亭鸟十分有趣，它们建造的凉亭形状的巢穴比紫光园丁鸟的巢穴更加非凡，更加美观。斑大亭鸟是内陆地区的居民，而紫光园丁鸟则生活在山脉和海岸间的矮树丛中。尽管这一物种极有可能也栖息在澳大利亚大陆中部广阔的地区，但是我仅仅在新南威尔士北部的地区注意到过。我在去内陆旅行时注意到，在利物浦平原北部，这 物种的数量十分丰富。而在纳莫伊河低洼地区的灌木丛和平原边缘的开阔树丛中，也栖息着同样多的斑大亭鸟。但是它们生性十分胆小，因此一般的行人很难看到它们；而且要走进它们、看清楚它们羽毛的颜色，也是一件十分困难的事情。

斑大亭鸟的鸣声沙哑、刺耳、严厉。通常，在敌人闯入它们的栖息地时它们才会这样鸣叫，因为它们已经发觉自己被发现了。若不是如此，它们早就悄悄地飞走了。受到打扰时，它们会飞到最高大的树木高处的枝条上，常常也会彻底从这一地区飞走。我发现，要捕获这一物种最简便的方法就是在它们饮水的水坑边等待。

一次，一段长期干旱要结束的时候，一个当地人引导我来到一个深深的岩石水潭边。那里仍然残存着几个月以前的一些雨水。许多这样的鸟儿以及一些蜂鸟和鹦鹉常常整天聚集在这里。这个自然的蓄水池深藏在偏僻的深山中，因此白人从来不会来到这里，真正感兴趣的也只有像我一样的博物学家。我的出现显然引起了这些鸟儿们的猜疑。但是我纹丝不动地趴在离水边不远的地面上，口渴显然征服了恐惧，它们焦急地从我身边跑过去，停在水边喝个饱。不仅如此，还有一条巨大的黑蛇盘踞在水塘边的一块木头上。在这一群饮水的鸟儿中，斑大亭鸟几乎是最胆小的了。然而，它们仍然还是会有六七只栖坐在离我几十厘米的地方，炫耀着它们美丽的颈项。这残存的一点儿水很快将会被每天光顾这里的成千上万只鸟儿喝光，幸好许久未曾光顾的雨终于倾泻如注，将每一条沟壑填满，在每一条大河的堤坝上创造出一个个瀑布。我在这个迷人的地方驻留了三天。

这一物种与紫光园丁鸟有许多相似的特点。最奇特的是，它们都会筑起一个凉亭状的小建筑，并将其用作自己的游乐场。我在去内陆旅行时幸运地发现了几个这样的"建筑"，并成功地将其中最精致的一个带回了英国，目前这个小凉亭正收藏于大英博物馆。这些游乐场所在的环境情况各异。我既在长满垂枝相思树和其他小树木的平原上发现过这种建筑，也在小山丘的灌木丛中看到过它们。斑大亭鸟的这一建筑要比紫光园丁鸟的游乐场更长，也更像林荫大道。许多时候，这一结构体有大约0.9米长。这一乐园外侧用小树枝建起，其中精心地铺设着长长的青草。装饰品也花样齐全，包括双壳贝的贝壳、小哺乳动物的头骨和其他骨头。整个乐园的设计十分精妙，装饰也独具匠心，尤其是青草上的石子以奇特而又绝妙的方式排列着。这些石子显然不只是为了装饰，还明显是为了固定下面的青草。这些石子在入口的两侧排列，形成了小小的通道，而大片的装饰性材料、骨头、贝壳等就堆放在道路的入口。这一建筑的每一个入口都有这样的陈设。一些大的游乐场显然连续多年都被这些鸟儿使用，我在这种建筑的每一个入口都看见了许多骨头和贝壳。有时候我们也会看到一些小型的凉亭。它们完全是用青草建成的，显然是一个新的约会场所。它们使用的贝壳和小鹅卵石显然是从河边收集过来的，但是我常常会在离河岸边很远的地方发现这种建筑。因此这些鸟儿们一定费了很大的力气来搬运这些材料。

鉴于这一物种完全以植物种子和水果为食，它们收集这些贝壳和骨头的唯一目的显然就是装饰。而且只有在太阳下久晒发白或者被当地人烘焙过而发白的贝壳才会引起它们的兴趣。我完全相信，这些建筑和紫光园丁鸟的乐园一样，是许多斑大亭鸟的聚会场所。

紫光园丁鸟

英文名 | Satin Bowerbird   拉丁文名 | Ptilonorhynchus violaceus

紫光园丁鸟

鸣禽／雀形目／园丁鸟科／园丁鸟属

尽管鸟类学家们早就注意到了它们，而且新南威尔士的殖民地居民也熟悉它们，但它们非凡的生活习性却没有引起足够的关注，至少对于科学界来说是如此。因此我很高兴能成为第一个记录下这一物种特点的人。

我需要指出这一物种的奇异特点之一，那就是它们会筑起一个凉亭一样的建筑，并且在其中玩耍或聚会。

紫光园丁鸟是一种留鸟，但它们也会随着气候和食物的变化而在地区间短途迁徙。从我解剖的许多样本胃部的情况来看，这一物种似乎完全以种子和水果为食，昆虫或许只是它们偶尔的调味品。它们所生活的树丛中不仅有许多结浆果的植物和灌木，还有巨大的无花果树。一些无花果树甚至能有61米高。在这些"巨人"形成的森林中，紫光园丁鸟和几种鸽子在野生的小无花果树坠弯的枝条上发现了丰足的食物。这一物种也会对栖息地附近农田中所有成熟的谷物造成巨大的破坏。它们每天似乎在固定的时间里进食，在这一段时间中它们总是专心地低头用餐，我走到离它们几十厘米的地方它们还没有察觉。但是在其他时候，我发现紫光园丁鸟十分胆小机警，成年雄鸟尤其如此。这些鸟儿常常会栖坐在森林中最高的树木高处的枝条上，从那里俯视四周，观察下面雌鸟和幼鸟的活动。

秋季，小群紫光园丁鸟会聚集起来，常常一起飞落在河流两侧的地面上。那些水流边陡峭且生长着小树木的堤岸尤其受它们喜欢。

雄鸟会发出一种响亮而清澈的鸣叫声。除此以外，雌雄鸟儿都常常会发出一种沙哑、难听的刺耳鸣叫来表达自己的惊讶或不快。与有着绿色羽毛的雌鸟和幼年雄鸟相比，成年雄鸟的数量十分有限。从这一情形以及其他的事实我推断，幼鸟要在两三岁时才会长出富丽的如锦缎一样的羽毛。而且这些羽毛一旦长齐就再也不会脱落。

我很遗憾，尽管费尽周折，还是没能发现这一物种的鸟巢和鸟卵。我常常询问当地的居民，但是也没能获得任何可靠的信息。

我第一次注意到紫光园丁鸟的凉亭式小建筑，是在悉尼。当时一位先生将紫光园丁鸟的这一作品赠送给了博物馆，我当即决定要尽一切可能去了解这一物种的各方面特点。我在利物浦山脉的雪松林中发现了几个这样的小游乐场。我相信读者看一眼插图就能对这一建筑有直观的认识。这些小建筑通常被建在森林中最隐蔽的树木枝叶下，大小各异。这一建筑的底部是用树枝紧密地堆建起来的较大的凸面平台，凉亭就在中央的突起上建起。这一部分是用更加纤细和柔韧的树枝建造的。树枝端部向内侧弯曲，末端几乎相交。这一建筑的另一个奇特之处就是在它的入口附近总有一些色彩绚丽的装饰品，比如其他鸟儿的蓝色尾羽、白色的骨头、蜗牛壳等。一些羽毛镶嵌在树枝中，而另一些羽毛、骨头以及贝壳则分散在凉亭入口附近。这种鸟习惯将所有漂亮的物品捡起来带走。当地的居民十分了解它们的这一习性，因此会来到它们的游乐场中寻找自己意外丢失在树丛中的物品。我自己就在一个这样的建筑入口处发现了一把小巧精致的石斧以及一片蓝色的棉布。它们显然是由这些鸟儿从当地人废弃的露营地上收集来的。

紫光园丁鸟建造这些奇怪的凉亭究竟是用来做什么，目前我们还不完全明白。它们显然没有被用作巢穴。许多雌雄鸟儿常常会聚集在这里，绕着凉亭里外奔跑嬉戏。它们似乎也从来不会完全抛弃一个这样的游乐场。

我们还没有去观察这种鸟儿是否终年都会到访这一场所。但是我想，它们极有可能仅仅会在求偶和繁殖季节里聚集到这里玩耍约会。我在它们的繁殖季节里来到这些小建筑前，发现它们最近才被翻新过。这个游乐场已经被使用多年。有一位先生告诉我，一次他捣毁了其中一个凉亭，接着躲藏在一边。后来惊喜地发现，它的主人们又将一部分建筑重建起来了。而从事这些工作的鸟儿们都是雌鸟。

插图中为凉亭、成年雄鸟、雌鸟和两只雄性幼鸟。

白翅澳鸦

英文名 | *White-winged Chough*　　拉丁文名 | *Corcorax melanoramphos*

白翅澳鸦

鸣禽 / 雀形目 / 澳鸦科 / 澳鸦属

　　白翅澳鸦是一种留鸟，栖息在全部新南威尔士和南澳大利亚地区。白翅澳鸦是我见过的最温顺的较大型鸟类。猎人走到离它们很近的地方时，它们也只会飞到附近树木较低的树枝上。在飞行中，这一鸟儿翅膀上的白色斑块十分显著。在栖落前，它们会做出许多奇怪的动作，会十分敏捷地在树枝间跳动，同时伸展开尾羽，并以一种十分奇异的方式不断地上下翘动尾羽。若是受到了打扰，白翅澳鸦则会从栖身的地方向下窥探，通常还会发出尖厉粗哑的难听鸣叫。在其他时候，整个森林中都会回荡着它们独特、空灵而哀怨的鸣声。

　　在求偶季节，雄鸟变得十分活跃，行为活动十分奇特。我的读者们要想对这一物种有更精确的认知，一定要亲自去野外看一看。与雌鸟栖坐在同一个树枝上时，它会完全伸展开翅膀和尾羽，低下脑袋，鼓起羽毛，尽可能地炫耀着自己的美丽。多只雄鸟聚集起来攀比炫耀，更是让人喜悦和惊叹的场景。要捕捉翅膀受了伤的鸟儿非常困难。它们有十分敏捷的奔跑能力，会推开一切障碍，比如小土丘和倒地的腐木，灵活地躲避追逐。

　　白翅澳鸦很早就会开始繁殖，繁殖期开始于8月份，持续到11月份。在一年中，它们通常繁殖1次以上。巢穴的结构十分奇特，筑巢材料是泥巴和稻草，鸟巢形状像一个浅底大碗。这些巢穴通常建在水边树木的水平树枝上。鸟卵有4~7枚，卵壳为黄白色，表面覆盖着醒目的橄榄色和紫棕色斑块。

　　我常常还惊讶地发现，在同一棵树上或一片地区中，同时会生活着四五只雌鸟，而在那里我能找到的鸟巢却只有一个。因此我想这些鸟儿会将鸟卵产在一起。

　　这些鸟儿通常更喜欢开阔的森林。在繁殖季节，它们会飞到河流和湖泊附近，因为它们需要从这些地方收集泥巴等筑巢材料。另外，那里充足的昆虫类食物也是吸引它们搬家的一个原因。

澳洲渡鸦

英文名 | *Australian Raven*　　拉丁文名 | *Corvus coronoides*

澳洲渡鸦

鸣禽／雀形目／鸦科／鸦属

我们在目前已经探索过的澳大利亚各地都发现了澳洲渡鸦。我们在埃辛顿港、天鹅河、塔斯马尼亚岛和新南威尔士观察发现，澳洲渡鸦之间存在着一些细微的差异。西澳大利亚的样本身形略小。但是这些鸟儿成年时也与其他鸟儿一样，眼睛都是白色的。因此我更加相信它们是同一个物种。

西澳大利亚的澳洲渡鸦在一年中的大部分时间里成对或独自生活；到了5—6月，20~50只鸟儿会聚集到一起。这时候它们会对农场中的庄稼造成极大的破坏。而且它们聚集的目的也似乎仅限于此，因为它们似乎从不会在一年里的其他时候集结。在新南威尔士和塔斯马尼亚岛上，澳洲渡鸦通常也是成对生活，但是偶尔也会小群集结。在埃辛顿港，大多数成双成对的澳洲渡鸦都生活在安静隐秘的地方。但是在那里，它们的数量不如澳大利亚其他地区的澳洲渡鸦多。

澳洲渡鸦的胃部肌肉比较结实。它们的食物包括昆虫、各种腐肉、浆果、种子、谷物和其他的植物组织。

澳洲渡鸦的叫声与小嘴乌鸦十分相似，但是它们的最后一个音符更长。

澳洲渡鸦的巢穴较大，是用树枝建成的，常常建在最高大的桉树树冠附近。鸟卵有3~4枚，形状极长，为暗淡的绿色，表面有许多大大小小的琥珀棕色的斑点。

澳洲渡鸦整体羽毛为富丽明亮的紫黑色，喉部细长的羽毛略微有绿色的光泽；鸟喙和脚爪为黑色；有些鸟儿的虹膜为白色，而另一些则为棕色。

插图中的雄鸟捕射于塔斯马尼亚岛。

黄翅澳蜜鸟

英文名 | New Holland Honeyeater 拉丁文名 | Phylidonyris novaehollandiae

黄翅澳蜜鸟

鸣禽／雀形目／吸蜜鸟科／澳蜜鸟属

栖息在新南威尔士、塔斯马尼亚岛和南澳大利亚的黄翅澳蜜鸟数量最丰富，它们也是最喜欢和人类亲近的鸟儿之一。它们会到访当地居民的花园，在他们的灌木和开花植物上筑巢繁殖。黄翅澳蜜鸟并不是迁徙的物种，却常常会抛弃一个地方，飞去另一个地方，因为那里的环境和食物都更加适宜。

生长在贫瘠的沙质土壤上的拔克西木是它们舒适的庇护地。整个巴斯海峡贫瘠的土地上生长着许多拔克西木，因此那里也普遍生活着许多这样的鸟儿。同时我还注意到，靠近海岸边的地区最有利于它们喜欢的拔克西木的生长。相比高大的树木，黄翅澳蜜鸟更喜欢灌木和矮小的树木。它们的羽毛颜色对比醒目，金色的翅膀十分美丽。当它们敏捷地跳跃着从灌木之间划过时，总是一道最让人惊喜的风景。

它们的鸣声单调、清澈、大而尖锐。它们的食物包括花粉和花汁。它们可以灵活地附着在花朵上收集这类食物。除此以外，它们还会吃一些水果和昆虫。

每年的8月份到次年的1月份是它们的繁殖期。在这段时间里，它们通常会繁殖2~3窝幼鸟。黄翅澳蜜鸟将巢穴建在森林中、枝叶稀疏的低矮灌木上以及灌木丛中和花园中的花儿间。这些鸟巢总是十分惹人注目。我收藏的一个黄翅澳蜜鸟鸟巢是在悉尼政府办公室花园的一排豌豆架上发现的。这些鸟巢通常建在离地面大约46~61厘米的地方。它们的结构比较紧凑；筑巢材料是坚硬的小树枝、粗糙的青草以及或宽或窄的树皮。巢内用一些小地被植物柔软的花儿组织垫起。黄翅澳蜜鸟通常产2枚卵，有时也会产3枚。卵壳为浅黄色，有稀疏的深栗棕色的大小斑点。

雌雄鸟儿的外形颜色十分相似。

插图中的雌雄鸟儿均生活在塔斯马尼亚岛的拔克西木上。

黄喉吸蜜鸟

英文名 | Yellow-throated Honeyeater　拉丁文名 | Lichenostomus flavicollis

黄喉吸蜜鸟

鸣禽 / 雀形目 / 吸蜜鸟科 / 白耳岩吸蜜鸟属

黄喉吸蜜鸟这一精致迷人的物种大量栖息在霍巴特附近的山涧沟壑中。这一物种十分普遍地分布在整个塔斯马尼亚岛上。而且我相信该岛屿是它们唯一的自然栖息地。我从来没有在南澳大利亚和新南威尔士以及这两个地区丰富的收藏中观察到这些鸟儿。这一物种十分活泼好动，动作极快，外形优雅。可是由于它们的羽毛颜色与树木枝叶的颜色十分相似，我们很难从它们藏身的地方发现它们。在寻找食物时，它们常常会展开翅膀和尾羽，变换着姿势在树枝间攀爬，有时还会将自己悬挂在枝叶末端。黄喉吸蜜鸟有时会栖坐在高大树木的枯枝上，不过更多的时候，它们还是栖息在茂密的灌木丛中。它们极少飞行，飞行路线和啄木鸟一样起起伏伏。

黄喉吸蜜鸟的叫声饱满、大而有力，十分动听。

它们胃很小，但是肌肉结实，食物包括蜜蜂和其他的膜翅目昆虫。除此以外，还有各种甲虫和花粉。

这一物种的鸟巢通常建在低矮的灌木上。这些鸟巢与我熟悉的其他吸蜜鸟的巢穴不同，内巢材料尤其如此。黄喉吸蜜鸟的鸟巢大而温暖。筑巢材料通常是柔软的树皮、青草和蜘蛛卵。巢内更加整齐地铺设着负鼠或袋鼠的皮毛。一些鸟巢中也有树蕨大叶茎基部毛发状的物质，而在另一些鸟巢中则只有一些干草和小树枝。鸟卵通常有 2～3 枚，为最精致的肉黄色，有稀疏而醒目的栗红色小圆斑以及少数模糊的紫灰色斑点。

雌雄鸟儿唯一的外表差异是：雌鸟的身形比雄鸟的身形小近1/3。

黄垂蜜鸟

英文名 *Great-wattled Honeyeater*　拉丁文名 *Anthochaera paradoxa*

黄垂蜜鸟

鸣禽 / 雀形目 / 吸蜜鸟科 / 垂蜜鸟属

在塔斯马尼亚岛上有大片原始森林。这里不仅食物充沛，而且远离骚扰，是鸟儿们的天堂。黄垂蜜鸟就生活在这里。然而，它们还是经常会从这里飞走，去德文特河上游更加开阔的森林中拜访开花的桉树。四五十只鸟儿常常出现在同一棵树上。甚至在霍巴特及其东部的岛屿上，终年都有它们栖息的身影，只是数量要少得多。麦奎利平原尤其受这些鸟儿们的钟爱。

黄垂蜜鸟一点儿都不怕人，因此我们想要捕捉多少只这样的鸟儿都不成问题。它们的肉被认为是一种很好的食物。在冬天里它们会长得很胖，我甚至怀疑自己从来没见过比它们更肥胖的鸟儿。它们的整个身子和颈项都肿胀了起来。繁殖季节过去以后，鸟儿们变得瘦弱而干瘪。那时雄鸟平均只有170克重。它们几乎只吃桉树的花蜜和花粉。它们的胃很小，我们在它们的胃中找到的唯一的另类食物是一些甲虫。它们的整个身体结构十分精妙地适应了它们的这种觅食需求。黄垂蜜鸟的舌长，端部似刷子，可以轻松地伸进新开放的花朵中，吸食花蜜和花粉。伴随着每一次日出，我们都能看到许多只这样的鸟儿附在一棵或几棵桉树上。

吸蜜鸟科的鸟儿似乎都同样地活泼好动。黄垂蜜鸟与同属中身形最小的物种一样动作活泼灵敏，可以用任何姿势附着悬挂于木。三四十只鸟儿出现在同一棵树上，可以想象，那是怎样一幅欢乐的场景。它们仅仅会在树木间短距离飞行，飞行的样子和欧洲的喜鹊十分相似。它们的鸣声尖厉、沙哑，十分难听。一些人认为这声音与人们干呕或呕吐的声音相似。雌雄鸟儿的耳后都有垂肉，但是雌鸟的垂肉要小一些。

尽管我在各地都发现了一些鸟巢，却没能收获它们的鸟卵。它们的鸟巢是较大的杯状结构体，是用小树枝和青草混杂着羊毛营建而成的。这些鸟巢通常建在低矮的树木上。

东尖嘴吸蜜鸟

英文名 | *Slender-billed Honeyeater*　　拉丁文名 | *Acanthorhynchus tenuirostris*

东尖嘴吸蜜鸟

鸣禽／雀形目／吸蜜鸟科／尖嘴吸蜜鸟属

以往，有两个相似的物种都被认为是东尖嘴吸蜜鸟，一种生活在塔斯马尼亚岛，另一种生活在澳大利亚大陆上。前者与后者相比身形要小，颈部还有新月形斑纹，腹部的棕色更深。现在，我倾向于认为它们是同一个物种。但我还是愿意等待进一步的研究来做最终的决定。我在澳大利亚生活的时候有充足的机会观察这些鸟儿，我发现无论是在生活习性、性情还是繁殖习惯方面，这些鸟儿都十分相近。

在吸蜜鸟科这样一个大的家族中，东尖嘴吸蜜鸟的身体结构要算最精巧的了。造物主赋予它们所有生存必需的条件。它们精致而极为优雅的鸟喙尤其适合从管状的花朵中捕捉昆虫，吸食花蜜。在澳大利亚的许多土地上都生长着这样的花儿。它们开花时，许多这样的鸟儿都会飞来。花儿和鸟儿像是为对方而生似的。花儿为鸟儿提供食物，鸟儿帮助花儿传粉。塔斯马尼亚岛上生长着许多粉红石楠。从石楠丛中漫步走过的人都不难注意到在他的脚下穿梭来去的小鸟。金合欢和桉树开花的时候，同样也会吸引大量东尖嘴吸蜜鸟前来。它们似乎对花儿和其中的昆虫同样感兴趣。我们在所有解剖的东尖嘴吸蜜鸟胃部都发现了一些甲壳虫和其他的昆虫残迹。除了用心捕食时，它们总是十分机警，要想走到离它们约0.9米以内的地方，几乎没有可能。

它们飞行的样子急而冲，路线曲折。它们的鸣声单调尖厉而且极高，简直不像身形这样小的鸟儿能发出的声音。这一物种的栖息地包括塔斯马尼亚岛、巴斯海峡中的所有岛屿，以及从南澳大利亚到摩顿湾之间的澳大利亚大陆。但是在前者以东，或者后者以东和以北的地方，我都没能观察到它们的踪迹。

它们的鸟巢是一个比较漂亮的杯状小结构体。我在塔斯马尼亚岛和新南威尔士发现的鸟巢都建在离地面几十厘米的小灌木上。外巢是苔藓和青草，内巢是羽毛。鸟卵有2枚，为细腻的浅黄白色，颜色在大的一端渐深。

蓝脸吸蜜鸟

英文名 Blue-faced Honeyeater　拉丁文名 Entomyzon cyanotis

蓝脸吸蜜鸟

鸣禽／雀形目／吸蜜鸟科／蓝脸吸蜜鸟属

这种美丽迷人的吸蜜鸟是最精致的吸蜜鸟科鸟类之一，也是新南威尔士的本地物种。我几乎在殖民地的每一个地区都见过它们，无论冬夏。但是我还没有在南澳大利亚观察到它们，也没有听说它们会栖息在塔斯马尼亚岛。

蓝脸吸蜜鸟几乎只生活在桉树上。它们会在花朵和娇嫩的枝叶间寻找食物。它们的食物包括昆虫和花蜜，也许和其他的鸟儿一样还有浆果和水果。但是这一猜测我还没有来得及验证。卡利先生说，他曾经看见"几只鸟儿常常来到同一棵树上，忙碌地争夺一个伤口分泌的汁液"。我自己并没有观察到它们食用这种汁液或相似的物质，因此我更相信它们在捕食被这些物质吸引来的昆虫。

我常常在同一棵树上看见8～10只这种大胆活跃的鸟儿以及许多其他的食蜜鸟和鹦鹉。它们动作轻松优雅，姿态千变万化，常常附着在枝叶茂密的小树枝末端，将枝条压弯了腰。在所有鸟儿中，蓝脸吸蜜鸟十分醒目。它们的身形最大，蓝色面部十分绚丽，羽毛颜色对比十分鲜明。它们天性极为好斗，会将其他鸟儿驱逐出去。

蓝脸吸蜜鸟常常会发出一种十分响亮但是单调的鸣声。

在上猎人谷地区的苹果园中，我看到许多钩嘴鹛的巨大巢穴。我找到的所有蓝脸吸蜜鸟的鸟卵都产在这些被废弃的圆顶屋状巢穴中。但是它们从来不会走进鸟巢中产卵，而总是将卵产在拱顶上部整洁的凹陷中。蓝脸吸蜜鸟自己是否会营建一些新的巢穴，这一点我不确定，希望有条件的人能去留意。但是我想，在没有那么多废弃巢穴可用的地方，这一物种也会和同族其他鸟儿一样建造一个小小的鸟巢。

蓝脸吸蜜鸟很早就开始繁殖工作，一年中会繁殖至少2窝幼鸟。我在某年的11月19日看到了羽翼丰满的幼鸟，又在12月收获了许多蓝脸吸蜜鸟的鸟卵。鸟卵通常有2枚，为漂亮的浅橙色，有不规则的锈棕色斑点。

褐短嘴旋木雀

英文名 | *Brown Treecreeper*   拉丁文名 | *Climacteris picumnus*

褐短嘴旋木雀

鸣禽／雀形目／短嘴旋木雀科／短嘴旋木雀属

褐短嘴旋木雀栖息在澳大利亚大陆从南澳大利亚到新南威尔士之间的整个南部地区。它们更喜欢稀疏的桉树林和苹果园。这些树木的树皮粗糙而多沟壑，其中生活着大量昆虫。它们不仅在这些地方寻找食物，还会用鸟喙穿透腐烂中空的树干去捕捉躲藏在其中的昆虫。褐短嘴旋木雀甚至还会飞进中空的树木枝干中捕捉蜘蛛、蚂蚁和其他的昆虫。褐短嘴旋木雀会在地面上度过相当长的时间。它们会在大树树干附近和树冠下为食物而忙碌，还会目光敏锐地搜寻倒地的腐木。在地面上时，它们会表现得大胆而活跃，会直立着脑袋，鼓起羽毛，快速地拖脚跑动。在树木上时，它们就会像真正的旋木雀一样，在垂直的树干上攀爬，在树枝树干的上下表面灵活地奔跑。在向下运动时，它们从不脑袋朝下，而是向后倒退着跳动或拖脚移动。这时候它们的路线通常是一条螺旋线。

褐短嘴旋木雀起飞时喜欢展开翅膀翱翔，水平伸展的翅膀上主翼羽的棕色斑纹十分醒目。

与澳大利亚的许多以昆虫为食的鸟儿一样，褐短嘴旋木雀似乎从来不去水边饮水。它们常常会发出尖锐的鸣叫，当敌人靠近它们栖坐的树木时更是如此。

褐短嘴旋木雀的繁殖期开始于8月份，一直持续到次年的1月份。它们通常将鸟巢建在中空的树枝深处。我发现的鸟巢完全是用负鼠毛营建的。从这些毛发的亮度和新鲜度来看，毫无疑问是从树洞中休息的活负鼠身上生拔下来的。我发现的所有鸟巢中都有2枚鸟卵，为肉红色，有密集均匀的棕红色斑点。

雌雄鸟儿的颜色和身形都没有差异。雌鸟喉部基部为红褐色，而雄鸟该部位为黑棕色。

大掩鼻风鸟

英文名 | Paradise Riflebird   拉丁文名 | Ptiloris paradiseus

大掩鼻风鸟

鸣禽／雀形目／极乐鸟科／掩鼻风鸟属

到目前为止，我们仅在澳大利亚东南部的灌木丛中发现过这一非凡的鸟儿。事实上，这一物种的栖息地分布十分有限。南至猎人河，东至摩顿湾，可能就是它们最远涉足的地方了。一些在野外看见过这一物种的人告诉我，大掩鼻风鸟有许多与旋木雀科鸟类共同的生活习性，也会用旋木雀那样的方式爬上笔直的树干。我很遗憾没能亲眼证实这样的说法，但是从它们的身体构造来看，它们很可能与旋木雀有很大的亲缘关系。不过，大掩鼻风鸟的翅膀极短，飞行能力十分有限。除非必要时，一般它们不会飞翔。在猎人河与摩顿湾之间的森林和相似的环境中，大掩鼻风鸟是一种留鸟。处于各生长阶段的大掩鼻风鸟被大量从这里送往欧洲，这一点就是很好的证明。

毫无疑问，大掩鼻风鸟是目前在澳大利亚发现的羽翼最华丽迷人的一种鸟儿。雌雄鸟儿的羽毛颜色差异极大，雄鸟美丽的羽毛只有某些蜂鸟可以与之媲美，而雌鸟的羽毛却十分暗淡。我们都熟悉这样的自然法则：当雌雄鸟儿颜色差异较大的时候，未成年雄鸟在换羽期也会出现羽毛颜色斑驳的阶段。而且在第一年或者更长的一段时间里，它们的样子与雌鸟十分相似。

成年雄鸟的整体羽毛为富丽的深黑色，上体表有棕紫色的光泽；下体表与上体表相似，但是腹部和侧腹的所有羽毛宽阔的边缘为深橄榄绿色；头部和喉部的羽毛小，呈鳞片状，为明亮的金属蓝绿色；两支中央尾羽为富丽明亮的金绿色，其他部分为深黑色；鸟喙和脚爪为黑色。

雌鸟的整个上体表为灰棕色；翅膀和尾羽边缘为锈红色；头部的羽毛中央有一条狭窄的白色斑纹；经过眼睛后方、颌部和喉部的线条为浅黄白色；整个下体表为深黄色，每支羽毛端部附近有一个黑色的箭头状斑纹。

插图中为两只雄鸟和一只雌鸟。

黑冠澳鸸

英文名 *Black-capped Sittella*　拉丁文名 *Daphoenositta chrysoptera pileata*

黑冠澳鸦

鸣禽／雀形目／澳鸦科／澳鸦属

黑冠澳鸦生活在澳大利亚的西南部，分布地跨越几个纬度。不过从更严格的意义上说，黑冠澳鸦是属于西澳大利亚的物种。我在南澳大利亚内陆旅行的时候捕射了几只这样的鸟儿，下面的段落摘录自我当时的笔记：

"我在多伦斯河发源地附近的山岭上看到了一群这样的鸟儿。它们大约有30只，十分胆小，总是栖坐在最高的树枝上。整群鸟儿迅速地从一棵树飞到另一棵树上。为了捕获一些样本，我和我的同伴们不得不拼命追赶。"

下面的段落摘自吉尔伯特先生在西澳大利亚时所做的笔记：

"这一物种极为活泼，总是在树干和树枝上灵活地上下跑动，总是10~20只集结成一小群一起活动。在飞行中它们会发出微弱的鸣声，在树上跑动时偶尔也会这样鸣叫。黑冠澳鸦一次飞行时间较短，速度快，路线起伏不平。"

吉尔伯特先生在最近给我的信件中提起了约翰逊·德拉蒙德先生的观察，他说这一物种：

"会用细树皮编织鸟巢，并将这样的鸟巢用蜘蛛网固定在树枝上。这些被蜘蛛网缠绕的鸟巢通常十分光滑。有时候一些苔藓也会被拿来筑巢。这些鸟巢通常建在金合欢树最高处的纤细树杈上。它们的尺寸较小，而且外表看上去像极了树木的赘疣，因此很难被观察到。鸟卵有3枚，为白色，整体均匀地分布着圆形的绿色斑点。黑冠澳鸦在9月份繁殖。

"约翰逊·德拉蒙德先生说这一物种的鸟巢边沿十分尖锐。你是否猜想过这一物种会像欧洲的普通鸦一样在树洞中繁殖？"

BIRDS OF AUSTRALIA
VOLUME V
SCANSORES & TERRESTORES

卷 五

攀 禽 和 陆 禽

北方中杜鹃

英文名 | Horsfield's Cuckoo   拉丁文名 | Cuculus horsfieldi

北方中杜鹃

攀禽／鹃形目／杜鹃科／杜鹃属

离开过故乡的人都知道，当你来到一片全新的土地上时，你的眼睛总是禁不住去搜寻任何让自己感到熟悉的事物。任何能够让我们联想起故乡的事物，都会引起我们巨大的兴趣和深深的感怀。对于生活在新南威尔士和塔斯马尼亚岛的殖民地居民们来说，一棵小橡树、榆树，一棵紫罗兰、报春花都是难得的珍宝。一只笼中的乌鸫、云雀要比天空中的鸟儿更加珍贵。因此可以想象，英国人在澳大利亚的土地上发现了这种杜鹃有多么高兴！和欧洲的鸟儿一样，它们是春的使者，是自然从沉睡中醒来的标志。它们的鸣声响起时，澳大利亚的英国人感到了在故土时所感受不到的快乐。

相比欧洲的杜鹃，澳大利亚的北方中杜鹃胸脯部位黑色的斑纹更宽阔、更精致。腹部有浅黄褐色的光泽。北方中杜鹃的脚爪也更小更细；未成年鸟儿的胸脯部位、颈部和头部有更宽阔清晰的黑色和白色斑纹。

澳大利亚的北部地区是这一物种的唯一栖息地。我收藏的样本捕射于1月份。我尚不清楚它们是否会发出和杜鹃鸟一样的鸣叫，但是我想，在这一点上它们与欧洲的亲戚很可能也没有什么不同。

它们整个上体表为石板灰色；主翼羽内羽片上有宽阔的白色斑纹；尾羽为深紫棕色，有一排椭圆形的白色斑点相间排列在羽茎两侧，端部略微为白色；两侧羽毛内羽片边缘也有一排白色斑点；颌部和胸脯部位为浅灰色；整个下体表为浅黄白色，有黑色横纹；虹膜、鸟喙和脚爪为橙色。

金鹃

英文名 | Shining Cuckoo   拉丁文名 | Chrysococcyx lucidus

金鹃

攀禽／鹃形目／杜鹃科／金鹃属

这一物种的分布十分广泛，在澳大利亚大陆和塔斯马尼亚岛上都能看到它们的身影。在后一地区金鹃是候鸟。它们在9月份到来，在次年1月份离开。在冬天它们会飞去北方食物丰富的地区。不过3月份我在悉尼的植物园中看见了金鹃的身影。鸣声是哀怨的哨音。

它们的食物包括各种昆虫。我们在解剖的金鹃胃中发现了膜翅目昆虫、甲虫和毛毛虫。在寻找食物时，金鹃的动作十分温和。它们会十分温和地从树枝间划过，捡起这里那里的昆虫，同时眼光敏锐地搜寻树叶上和树缝中的昆虫。它们的飞行速度快，飞行路线起起伏伏。在阳光不错的日子里，雄鸟从树枝间飞过时，璀璨的绿色羽毛会更加耀眼。和真正的杜鹃一样，金鹃总是在其他物种的鸟巢中产下自己的1枚卵。在塔斯马尼亚岛上，鹩莺和刺嘴莺常常被它们选为自己幼鸟的养父母。在新南威尔士也是如此。在西澳大利亚，一些吸蜜鸟的巢穴常常会受到它们的青睐。奇怪的是，它们似乎总是将卵产在圆顶屋状、侧面有洞口的巢穴中。鸟卵为清澈的橄榄棕色。

它们的胃大且呈膜状，内部略微有毛发状物质。

成年雄鸟的头部、整个上体表和翅膀为富丽的铜黄色；棕色的主翼羽有铜色的光泽；尾羽为铜棕色，端部附近有一条暗淡的黑色横纹；两侧的两支侧面羽毛内羽片上有一些白色椭圆形大斑点，外羽片空隙对面有一些更小的斑点；第三和第四支尾羽内羽片端部有一个椭圆形的小白斑；整个下体表为白色，有许多富丽的深铜色宽阔斑纹；虹膜为棕黄色；脚爪为深棕色。

雌鸟的斑纹相似，但是只有上体表有棕色光泽，下体表的斑纹更模糊，为棕色。

幼鸟为棕色，有更浅的铜色光泽；喉部和下体表为灰色，除了肩部下表面，其他部分没有斑纹；尾羽基部为深锈红色，虹膜为明灰色，嘴角为黄色。

葵花鹦鹉

英文名 | *Sulphur-crested Cockatoo*　拉丁文名 | *Cacatua galerita*

葵花鹦鹉

攀禽／鹦形目／凤头鹦鹉科／白凤头鹦鹉属

如果我们认为塔斯马尼亚岛、澳大利亚大陆和新几内亚的葵花鹦鹉都是同一个物种，那么这一物种的分布地要比大部分其他鸟儿的更加广阔。

在仔细观察了这几种葵花鹦鹉之后，我发现它们的鸟喙确实存在着差异。但是这一差异细微，不足以让它们成为新的物种，而是为适应各地不同的食物而产生的。塔斯马尼亚岛的葵花鹦鹉身形各部分比例都是最大的，而且鸟喙，尤其是上颌没有那么弯曲。新几内亚的鸟儿的鸟喙更加圆钝，与前者的鸟喙适应完全不同的工作。我在塔斯马尼亚岛葵花鹦鹉胃中发现了兰科植物的小球茎，显然，它们细长的鸟喙可以更好地挖掘这种食物。新几内亚的葵花鹦鹉显然不会食用这类食物，它们的鸟喙结构保证了坚硬的种子和坚果等可以被顺利地吞进腹中。在大多数嗉囊和胃中，我们都发现了一些石子。

因此，读者们一定自然地想到这种鸟儿并不得农民们的喜欢。它们是新播种和即将收获的田野最大的对手。因此农民们无论何时发现它们都会捕杀之，它们的数量也在逐渐缩减。尽管如此，它们的规模仍然庞大。成百上千只葵花鹦鹉常常一起飞过我们头上的天空。葵花鹦鹉更喜欢开阔的平原和耕地，而不是海岸边密集的小树林。除了在进食或者进食后的小憩中一群这样的鸟儿会出现在视野中，其他时段传入你耳中的定是它们可怕的尖声鸣叫。但是，它们动作的活泼和模样的纯洁仍然感染了茂密而常绿的澳大利亚森林。托马斯·米切尔先生也有这样的感觉，他说："在绿荫中，郁郁的阴影下，葵花鹦鹉像光之精灵一样舞蹈。"

葵花鹦鹉通常将鸟卵产在树洞中，有时也会在岩石裂缝中产卵。每年，成千上万只葵花鹦鹉都会来到南澳大利亚墨累河岸边白色崖壁的裂缝中筑巢产卵。据说，它们在那里安下家以后，整个崖壁就会变得像蜂窝一样。鸟卵有2枚，为纯白色。

粉红凤头鹦鹉

英文名 | Rose-breasted Cockatoo   拉丁文名 | Eolophus roseicapillus

粉红凤头鹦鹉

攀禽／鹦形目／凤头鹦鹉科／粉红凤头鹦鹉属

这种美丽的凤头鹦鹉大量栖息在澳大利亚内陆的大片地区。事实上，在内陆旅行过的人都会被这一物种美丽的模样吸引过去。我在纳莫伊河岸边平原上看到了许多粉红凤头鹦鹉，也获得了一些来自北部海岸的样本。然而，我相信新南威尔士和北部海岸上的粉红凤头鹦鹉之间存在着一些具体的差异。后一地区的粉红凤头鹦鹉身形更大，眼周裸露的皮肤范围更大；胸脯部位的玫瑰色和背部的灰色比我在纳莫伊捕射的样本颜色更深。

粉红凤头鹦鹉具备高超的飞行能力。和这个国家的家鸽一样，成群的鸟儿会同时扫过平原的上空，这会儿将美丽的银灰色背羽展现在观众期待的视野中，瞬间又同时转身，将美丽的玫瑰色胸脯暴露无遗。这样的景象真是美不胜收，我很遗憾我的读者们不能分享这一美妙场景。纳莫伊的当地人告诉我它们是最近才到来的，两年前他们还没有见过这种鸟。他们认为它们是从北方或内陆迁徙过来的。1839—1840年，大量的粉红凤头鹦鹉在高大的桉树上繁殖。车夫和保管员从这里捕获了许多幼鸟，并将它们送到悉尼。悉尼人花了一大笔钱将这些鸟儿买下来，并装上船送到了英国。这一物种生命力顽强，可以很好地忍受严寒和圈养，对笼中的生活十分满意。因此当前在英格兰，这一物种要比同属的任何一种鸟儿都多。我发现这一物种十分温和，粉红凤头鹦鹉与鸽子和家禽结下了亲密的友谊。它们像农场院子中的其他鸟儿一样享受着充分的自由，会主动跑到门前接受食物。

我的朋友斯特尔特先生在最近的一封信中说："粉红凤头鹦鹉喜欢栖息在低洼的地区，从来不会来到高海拔地区。它们栖息在蓝山西部广阔的平原上，以猪毛菜为食。它们的飞行方式独特，一群鸟儿会同时转身，将下体表美丽的玫瑰红色美妙地暴露出来。"澳大利亚的东部和北部显然是这一物种最常到访的地区。

粉红凤头鹦鹉的鸟卵为白色，通常有3枚。

诺福克啄羊鹦鹉

英文名 *Norfolk Kaka* 拉丁文名 *Nestor productus*

诺福克啄羊鹦鹉

攀禽／鹦形目／鸦鹦鹉科／啄羊鹦鹉属

诺福克啄羊鹦鹉的栖息地分布十分狭窄,据我所知,这一物种目前仅栖息在菲利普岛——这个周长不足8千米的岛屿上。随着人类在诺福克岛上开荒定居,诺福克啄羊鹦鹉的自然栖息地受到了侵扰。这一物种像渡渡鸟那样只剩下羽毛和骨头供人回忆的日子也不远了。

若是我能够到访诺福克岛和菲利普岛,我一定会对这一非凡物种的习性、特点、食物类型以及捕食方式等做全面的了解。诺福克啄羊鹦鹉可以很好地适应圈养的生活,很快就会变得温顺欢乐,成为你的好伙伴。我在悉尼驻留的时候,有机会去看了安德森先生收藏的一只活的诺福克啄羊鹦鹉。它的动作与任何其他的同科鸟类都不相同,我对这只鸟儿灵敏的动作十分着迷。我相信生活在野外的诺福克啄羊鹦鹉也是同样奇异而且有趣。这只鸟儿没有被囚禁在笼中,而是在整个房子中活动。它会连续跳跃着从地板的一边来到另一边。我对这种鸟儿的所有了解都要感谢安德森夫人。她告诉我,这种鸟儿栖息在这一岛屿上的岩石间和高大的树木上。它们的性格十分温和,猎人们常能轻松地捕获一些活的鸟儿。它们以白木槿的花儿为食,会吸食其中的花蜜。安德森夫人提到的这一情形让我产生了检查它们舌头形状的想法,于是我就这么做了。我发现诺福克啄羊鹦鹉的舌头结构十分奇特。它们并不像真正以蜂蜜为食的鸟儿那样有末端像刷子一样的舌。它们的舌下部有一个狭窄的角质铲,舌形看起来就像指甲长在了下表面的手指肚一样。这一器官的结构特性显然与这一物种的食物种类有密切的联系。米尔班克先生收藏的一只活样本尤其喜欢莴苣的叶子和其他柔软的植物。它们同样还喜欢水果的汁液以及奶油和黄油。

安德森夫人告诉我,这一物种会在树洞中产下4枚卵。除此以外,我对诺福克啄羊鹦鹉就没有了解了。

它们的鸣声沙哑,是不和谐的嘎嘎叫,有时与犬吠相似。

插图中为成年鸟儿和胸部仍留有幼鸟羽毛的近成年鸟儿。

红尾黑凤头鹦鹉

英文名 | *Banksian Cockatoo*　拉丁文名 | *Calyptorhynchus banksii*

红尾黑凤头鹦鹉

攀禽／鹦形目／凤头鹦鹉科／黑凤头鹦鹉属

我可以很自信地说，在欧洲人到访过的澳大利亚各地区，都生活着一些黑凤头鹦鹉属物种。我们目前已经确切知道的有6个物种。这些物种各自栖息在一定的地区，几乎从不会到别的地区生活。当前这一物种是我们最先熟悉的黑凤头鹦鹉之一。

红尾黑凤头鹦鹉栖息在新南威尔士地区。我从来没有在此以外的地区观察到过这一物种，因此我认为它们仅仅栖息在东起摩顿湾、南至菲利普港的地区。它们常常在悉尼等大的城镇中露面，也常常会到访灌木丛和更加开阔的森林地区。它们有时以植物的种子为食，有时也会换换口味，吃一点毛毛虫。在金合欢和一些较低矮的树木上，大量繁殖的毛毛虫尤其得它们的喜欢。在捕捉这类食物的时候，它们结构精妙的鸟喙最先派上了用场。它们会灵巧地挖起大小树枝上的树皮，捕捉隐藏在下面的"宝藏"。

红尾黑凤头鹦鹉是一种十分多疑和胆小的鸟儿，要想靠近它们并将它们捕射，需要十分小心谨慎。不过它们在专心进食的时候会放松下来。

红尾黑凤头鹦鹉从不会像葵花凤头鹦鹉那样大群聚集，而总是成对或4~8只组成小群一起活动。它们的飞行方式沉重，翅膀的拍击笨拙无力。它们平时不会在空中升得很高，有时却会飞上一段几千米的路程。但是这时候它们最高也不会超过高大桉树的树冠。它们常常栖息在这些树上，而且几乎总是在高大的桉树上繁殖。

在繁殖期里，它们会在桉树上某个高处的树洞中产卵。它们的建巢材料就是树洞底部腐烂的木材或它们凿出的木屑。

黄尾黑凤头鹦鹉

英文名 | Yellow-tailed Black-cockatoo　　拉丁文名 | Calyptorhynchus xanthonotus

黄尾黑凤头鹦鹉

攀禽 / 鹦形目 / 凤头鹦鹉科 / 黑凤头鹦鹉属

黄尾黑凤头鹦鹉主要栖息在塔斯马尼亚岛，另外我也在弗里德斯岛和南澳大利亚看见过这一物种。在塔斯马尼亚岛上的所有地区，这一物种的数量都十分丰富，但是相比起来，它们还是更喜欢茂密的树林和山地。我们在惠灵顿山下的山涧溪谷中总是能看见这种鸟儿。在天气好的时候，它们会分散到各个地方；但是在雨水到来的时候，它们则会来到地势低洼的地区。那时候它们会变得十分吵闹，飞行中会发出一种奇特哀怨的鸣叫。它们巨大的翅膀在飞行中极为沉重而不便。飞行时，它们的翅膀卖力而笨拙地拍击，短小的颈部、圆钝的脑袋以及长长的翅膀和尾羽会呈现出十分怪异的样子。4～10只鸟儿通常一起活动，偶尔也会有成对的黄尾黑凤头鹦鹉一起觅食。我发现它们十分胆小，人们很难靠近。它们之所以表现得如此胆小，或许是因为无论它们出现在哪里都会遭到无情的捕杀。

黄尾黑凤头鹦鹉的主要食物是一种较大的毛毛虫。金合欢树和桉树是这些毛毛虫的家园。鸟儿们会十分灵活敏捷地铲起树皮，开凿厚实的树干，直到捕获让它们垂涎的食物。它们在大树干上挖掘的洞穴十分开阔，而在小树枝上挖掘的巢穴结构却十分巧妙。除了这些大的毛毛虫，黄尾黑凤头鹦鹉还会食用几种甲虫的卵，有时还会以拔克西木的种子和浆果为食。在一些被解剖的黄尾黑凤头鹦鹉的胃中，我还发现了一些蛹。

这一物种总是在森林中最幽静、人迹罕至的地方繁殖，因此要获得关于这一物种更详细的繁殖信息十分困难。布列塔尼先生告诉我，一对黄尾黑凤头鹦鹉在威登霍尔先生庄园中的一棵树上繁殖。我告诉他，希望他能够获得这位先生的帮助，将这一对鸟儿的鸟卵收下来给我。1839年2月2日，我收到了他的一封信。他在这封信中告诉我：

"在你的要求下，我写信给威登霍尔先生询问黑凤头鹦鹉的事情。他立即就让人去把那棵树砍倒了。它生长在一个山谷中，直径有1.37米。树洞位于树干

27.4～30.5米高的地方，有0.6米深。树干中心腐烂，十分松软。黄尾黑凤头鹦鹉并不会营建鸟巢。这棵树倒下时摔成了碎片，树洞中的内容物完全被毁坏。但是分崩离析的碎片还是被小心地收集起来并寄送给了你。大树倒下的时候以及之后的一段时间里，一只鹰鹃一直在试图攻击这只黑凤头鹦鹉。在大树倒下之前，这只鸟儿一直在绕着它盘旋，发出十分大而哀怨的鸣声，还会不时地追逐这只鹰鹃，直到最后它才失望地离开。"

鸟卵为白色，通常有2～4枚。

黄尾黑凤头鹦鹉的身形和体重各不相同，一些样本重达737千克，而另一些则不足539千克。

雌雄鸟儿差异其微，我认为鸟喙为白色的鸟儿是幼鸟。

红翅鹦鹉

英文名 Red-winged Parrot 拉丁文名 Aprosmictus erythropterus

红翅鹦鹉

攀禽 / 鹦形目 / 鹦鹉科 / 红翅鹦鹉属

据我目前观察,在澳大利亚,红翅鹦鹉完全栖息在内陆地区。在干旱的平原上,广阔的垂枝相思树林中生活着成千上万只红翅鹦鹉及许多其他的物种。这些鸟儿或成小群或成大群,一起在树林中漫游。

红翅鹦鹉出现在垂枝相思树掩映的枝条间,看上去十分美妙。当鸟群中有许多成年雄鸟的时候,它们美丽的猩红色肩羽与周围的环境形成了绝妙的对比。我很惭愧自己贫乏的语言描述不出这样精彩的景象。在利物浦平原上,河流两岸的树林中也稀稀疏疏地栖息着一些这样的鸟儿。但是从这里至内陆地区,这一物种的数量逐渐增多。在所有内陆地区或许都栖息着同样多的红翅鹦鹉。在北部海岸的埃辛顿港和南部海岸上,这一物种的数量也同样多。我也收到了来自南澳大利亚和西北部海岸的红翅鹦鹉样本,但是还没有得到过该物种来自天鹅河的样本。

在行为特点和习惯方面,红翅鹦鹉孤僻不顺服。它们十分胆小,而且机警,不像其他的鹦鹉那样容易被捕获。虽然有时我们也能看到笼中温和的红翅鹦鹉,但是它们在大多数时候都是桀骜难驯,不愿意亲近人的。

红翅鹦鹉的飞行能力很好,适合在广阔的平原上生活。它们可以随时起飞,常常会飞得很高,从平原的一边飞到另一边。不过它们的振翅方式还是与大多数同一家族的鸟儿不同。它们振翅的速度缓慢沉重,在飞行的时候常常会发出一种大而尖锐的鸣叫。

红翅鹦鹉的食物包括浆果、一种桑寄生属植物的果实和花粉。另外一种生活在它们最喜欢的树木上的昆虫也会成为它们的食物。我在一些红翅鹦鹉的胃中还发现了小毛毛虫。

红翅鹦鹉在河流两岸的大桉树树洞中繁殖。鸟卵为白色,通常有4~5枚。

如插图中的那样,雌雄鸟儿羽毛颜色特征差异极大。

澳东玫瑰鹦鹉

英文名 *Rosehill Parakeet* 拉丁文名 *Platycercus eximius*

澳东玫瑰鹦鹉

攀禽／鹦形目／鹦鹉科／玫瑰鹦鹉属

    当前这一美丽的物种是最早从澳大利亚送到欧洲的鸟儿之一，但是自此以后就很少有人对澳东玫瑰鹦鹉的生活习性和特点做描写了。很少人清楚这一物种的栖息地仅包括新南威尔士和塔斯马尼亚岛。南澳大利亚的人们甚至完全不熟悉这一物种。它们显然从未在更加遥远的天鹅河和埃辛顿港出现过。尽管澳东玫瑰鹦鹉是新南威尔士和塔斯马尼亚岛上最常见的一个物种，但是它们的栖息地却十分有限。德文特河似乎是它们栖息地的边界，我逗留在这一地区的时候也从来没有在该河流的南岸看到过这种鸟儿。而在不足0.8千米外的河流对岸的森林中，这一鸟儿的数量却十分惊人。我相信，这一物种从来不会出现在德因特里卡斯托海峡南岸的森林中，也不会出现在该岛屿北部塔玛河流域的森林地带。

    澳东玫瑰鹦鹉身形十分精致，颜色迷人，通常栖息在塔斯马尼亚岛开阔的地区，比如连绵起伏的丘陵草地和平原。在这些地区，往往这里那里生长着一些高大的树木抑或低矮的金合欢或拔克西木林。在这些树木上，尤其是金合欢的枝叶间，这一美丽的鸟儿成小群一起觅食活动。它们富丽的猩红色和黄色胸脯与美丽的花朵交相映衬，十分好看。简而言之，这一物种独特的自然栖息地是沙质地区、小平原、山岭上开阔的地区以及草木茂盛、树木稀疏的地区。因此澳东玫瑰鹦鹉才不会出现在德文特河的北岸。但是在霍巴特和朗塞斯顿之间的塔岛中部地区，却栖息着许多这样的鸟儿。小群澳东玫瑰鹦鹉常常会来到大路边，就像英国的麻雀那样；若是受到路人打扰，它们则仅仅会飞到最邻近的树上或篱笆桩上。这样的场景总是会在我们心中唤起难以言喻的美好感情，让每一个刚刚来到这里的人都惊喜不已。但是这样的新鲜感很快就会退去。一只来自我们本土的笼鸟，比如云雀、红雀或乌鸫会被加以珍爱，而这一岛屿上的美丽造物则被无情地视而不见。一旦它们对田野中的庄稼有了一丁点的伤害，人们就会无情地对它们痛下杀手。新南威尔士的澳东玫瑰鹦鹉与塔岛的鸟儿栖息在同样的地区。大量的澳东玫瑰鹦鹉在塔斯马尼亚岛和新南威尔士繁殖。在上猎人谷地区,这一物种的数量十分丰富。在10月份及以后的3个月里,雌鸟会在桉树的树洞中产下7～10枚漂亮的白卵。

它们的食物包括各种种子,尤其是各种各样的草种子。澳东玫瑰鹦鹉偶尔也会吃一些昆虫和毛毛虫。

澳东玫瑰鹦鹉一次飞行路程短,而且飞行路线起起伏伏。它们一次飞行几乎不会超过0.4千米远。这些鸟儿常常会栖落在光秃秃的树枝上,飞行时也贴近树枝下表面,不久就会重新升高栖落回去。

它们常常会发出一种较为令人愉悦的哨音。

雌雄鸟儿羽毛颜色十分相似,幼鸟自颈部以上颜色非常明亮;当年的幼鸟尽管已经长到成年鸟儿的身形,但是羽毛颜色却没有成年鸟儿那样明亮,而且它们的鸟喙和鼻孔为精致的橙黄色。

塔斯马尼亚岛的样本身材较大,上体表的斑纹为黄绿色,比新南威尔士的样本暗淡一些。我拥有一只在猎人河河口的蚊子岛上捕获的样本,这只鸟儿比我在任何其他地方见到的澳东玫瑰鹦鹉都要漂亮。

蓝帽鹦鹉

英文名 *Bluebonnet*   拉丁文名 *Northiella haematogaster*

蓝帽鹦鹉

攀禽 / 鹦形目 / 鹦鹉科 / 蓝帽鹦鹉属

　　蓝帽鹦鹉是新南威尔士内陆地区的物种，纳莫伊河和达令河岸边是它们常常到访的地方。或许它们也会到访最北部地区，但是据目前所知，南澳大利亚和西澳大利亚的人们还没有观察到过这一物种。在下纳莫伊河地区，我观察到了许多这样的鸟儿。它们更喜欢这一地区稀疏陈腐的平原地区，而且它们背部的颜色也与周围的环境十分融洽。与同科的其他物种一样，蓝帽鹦鹉总是小群一起活动，有时也成对一起觅食。平原上各种各样的草种子成了它们的主要食物。只有当这些鸟儿飞上一段短短的路程，在枝条上栖坐下来时，它们腹部灿烂的猩红色才会从两侧的黄色羽毛中露出来。这时候它们才真正是一种最美丽的鸟儿，同族的其他鸟儿极少能有可以与之媲美的。

　　我并不了解这一物种的繁殖习惯，但是我猜想，它们就在上面提到的地方繁殖，因为盛夏的时候我在这些地方看到过它们。

　　雄鸟的前额和面部为深蓝色；头冠部、上体表、颈部两侧和胸部为灰橄榄棕色，尾部和上尾羽覆羽为黄色；小翼羽为青绿色和蓝色；大覆羽为富丽的红栗色；主翼羽和副翼羽基部的一半以及翅膀边缘为深紫蓝色；肩膀的下表面为浅紫蓝色；主翼羽内羽片和端部为深棕色；主翼羽外羽片端部的一半边缘为灰色；两支中央尾羽为浅橄榄绿色，端部渐变为深蓝色；其他羽毛基部为深蓝色，大块端部为白色，蓝色逐渐与外羽片的白色相融。腹上部和侧腹为淡黄色；腹部中央和下尾羽覆羽为猩红色；虹膜为深棕色；鼻孔和脚爪为棕色，呈粉状；鸟喙为角质色。

　　雌鸟身形较小，斑纹颜色没有那么鲜艳。

虎皮鹦鹉

英文名 | Warbling Grass Parrakeet   拉丁文名 | Melopsittacus undulatus

虎皮鹦鹉

攀禽 / 鹦形目 / 鹦鹉科 / 虎皮鹦鹉属

栖息在澳大利亚的鹦鹉家族的众多成员中，无论是在美丽的羽毛还是优雅的外形，以及活泼的个性和好动的行为方面，这一可爱的小物种都算是极为卓越的，因此，所有幸运地看到过这一物种的人们都喜欢上了它们。笼中的虎皮鹦鹉与它们野外的兄弟们同样活泼好动。我面前的一对虎皮鹦鹉，在隆冬时节长途颠簸，经过了合恩角才来到这个国家，却依然活力十足。

肖博士在他的著作中的描写让我们对这一物种有了最初的了解，而且林奈学会收藏的一只虎皮鹦鹉也一直是我们拥有的唯一样本。直到最近，我们的博物馆中才收入了一些新的样本。显然这一物种的数量远没有我们想象的那么少。也许在澳大利亚的整个中部地区，虎皮鹦鹉都有广泛的分布。不过它们更喜欢开阔的内陆平原，几乎不会出现在山岭和海岸之间的地区。在该大陆的南部地区，虎皮鹦鹉完全是一种迁徙鸟类。春天，地上许多青草都结了种子的时候，大群的虎皮鹦鹉就出现了；而在繁殖季节过后，它们又会飞去北方地区。我的朋友斯图尔特先生在他的一封信中写道："那是在南澳大利亚的阿德莱德，虎皮鹦鹉大群栖息在内陆地区。它们大约10月份出现在这里。虎皮鹦鹉会朝着正北和正南的方向飞行，和小凤头鹦鹉混在一起，像燕八哥那样一只接一只地排列。虎皮鹦鹉的飞行速度极快。"

12月初，我在利物浦平原的北部观察到了许多虎皮鹦鹉。这些鸟儿在河岸边所有高大桉树的树洞中繁殖。那里生长着茂密的植物，这些鸟儿就以这些植物的种子为食。它们的数量是如此之多，因此我决定在这一地区安营扎寨，观察一下它们的生活习性并努力捕捉一些样本。它们的食物类型以及这一平原上炎热的天气都使得它们常去水边饮水。因此我建在小水塘边的营地常常会被许多这样的鸟儿包围起来。清晨以及日落前的一些时候，最多鸟儿出现在这些地方。成群的鸟儿先是拥挤在水边的树木上：有时栖坐在一根枯枝上，有时是在桉树低垂的枝条上。它们的飞行路线平直，飞行速度极快，还会发出一种尖厉的鸣叫声。正午时分，太阳最灼热的时候，它们会纹丝不动地栖坐在树叶间。它们羽毛的颜色，尤其是胸部的羽毛，与周围的环境十分融洽。

虎皮鹦鹉是一种十分有趣的笼鸟。这是因为除了它们拥有的极为美丽的羽毛外，它们的歌喉也是我熟悉的所有鹦鹉科鸟类中最活泼动人的。不仅如此，它们还常常互相碰触鸟喙，对着彼此咕咕叫，互相喂食，做出各种优雅的动作。它们轻灵的鸣唱难以用语言来形容。从日出到日落，它们都会不知疲倦地鸣唱，甚至在夜晚，当它们身处有一些微光的房间里时，也是如此。

野外的虎皮鹦鹉只吃草种子。它们的嗉囊中总是塞满了这种食物。而圈养的虎皮鹦鹉也会吃加纳利种子。

雌雄鸟儿在羽毛的颜色和斑纹方面十分相似。幼鸟在8个月大的时候，或者离巢后第二次换羽时，会长出成熟的羽翼。

幼鸟与成年鸟儿的不同在于：幼鸟头冠部有许多细腻的棕色斑纹，喉部没有深蓝色斑点，虹膜为棕灰色。

鸡尾鹦鹉

英文名 *Cockatoo Parrakeet*　拉丁文名 *Nymphicus hollandicus*

鸡尾鹦鹉

攀禽／鹦形目／凤头鹦鹉科／鸡尾鹦鹉属

　　彩图中这一美丽优雅的鸟儿栖息在广袤的澳大利亚大陆的内陆地区。我亲眼看见这种鸟飞过内陆的高山，并在高山和海洋之间的地区繁殖育雏。但是与内陆平原成千上万的鸡尾鹦鹉相比，它们出现在靠近海洋一侧应属偶然。

　　鸡尾鹦鹉完全是一种候鸟。9月份它们同时向南方飞去，来到离海岸边不足161千米的地方。不同的鸟儿几乎在同时来到西澳大利亚天鹅河附近的约克地区和东部的利物浦平原。在繁殖了大群幼鸟之后，这些鸟儿又在2月份和3月份向北方飞去，但是它们究竟会在哪里停下来，我还不清楚。

　　繁殖季节过去以后，大群鸡尾鹦鹉会聚集到一起，等待着起程。我看见过整片土地上都拥挤着正在觅食的鸡尾鹦鹉。几百只鸟儿也常常会一同栖坐在水边桉树的枯枝上。显然，水是它们必不可少的生存条件。

　　鸡尾鹦鹉的飞行路线平直，飞行方式轻松而且持久。从地面上被惊起时，它们会飞上附近树木的枝头，而且几乎总是栖坐在枯枝上。它们常常以纵向的方式栖坐在树枝上。鸡尾鹦鹉绝不是一种胆小的鸟儿，因此猎人们收获了大量这一物种的样本。它们的肉质十分鲜美，为此每年都有大量的鸡尾鹦鹉被送上餐桌。它们的身体结构巧妙地适应了在陆地上的生活。鸡尾鹦鹉可以灵活地在各种草地中捡拾草种子，而草种子几乎构成了它们唯一的食物。

　　鸡尾鹦鹉是一种十分有趣的笼鸟。它们很容易变得驯服，活泼好动。插图是由李尔先生参照两只活的样本绘制的。

　　雌雄鸟儿的羽毛存在较大的差异，雄鸟的尾羽完全没有横纹。

　　鸡尾鹦鹉在低沼地和水边的桉树以及其他树木的树洞中繁殖。鸟卵为白色，有5～6枚。

雨燕鹦鹉

英文名 *Swift Lorikeet*　拉丁文名 *Lathamus discolor*

雨燕鹦鹉

攀禽／鹦形目／鹦鹉科／雨燕鹦鹉属

我在澳大利亚大陆上旅行时遇到的最让我印象深刻的鸟儿，就是雨燕鹦鹉。它们总是与许多最有趣的鸟儿一起觅食生活。雨燕鹦鹉的插图是库德夫人在塔斯马尼亚岛绘制的诸多图画中的一幅。

雨燕鹦鹉是一种候鸟，它们仅在澳大利亚大陆的南方地区度过夏季和繁殖期，而在一年中的其他时候都在北方生活。在9月份以及接下来的4个月里，雨燕鹦鹉在塔斯马尼亚岛的桉树林中十分常见，更多的这一物种还栖息在霍巴特镇的灌木丛和花园里。许多小群的雨燕鹦鹉常常在这一地区的街道和房屋上空飞来飞去。它们会贴近民居的窗口飞行；更多时候它们则栖坐在街道边的桉树上，在行人头上几十厘米的地方专注地收集新开放的花儿中的花蜜，似乎完全不在意下面观众的目光。我捕射了几只正在进食的雨燕鹦鹉。当我拎着它们的脚爪将它们提起来时，一种像水一样清澈的花蜜从它们的鸟喙中流了出来。4～20只一小群的雨燕鹦鹉常常会以流星一样的速度互相追逐着穿过小镇的上空，同时发出尖锐的鸣叫声。有时这纯属它们的休闲运动或娱乐，但是在另一些时候它们也会从一个花园飞到另一个花园，从这个小镇飞到惠灵顿山脚下，或者原路返回。它们的羽毛颜色与周围树木的颜色十分相似，若不是它们会在树木间走动，枝叶跟着摇曳，我们很难发现它们。

我曾经发现过雨燕鹦鹉的一处繁殖地，然而它们总是将鸟卵产在最高大、最难以接近的树木高处的树洞中。所以我一枚鸟卵也没能收获。据说这一物种每次产卵2枚。某年的10月6日，我在解剖的一只雌鸟的卵巢中发现了一枚坚硬的鸟卵。从这枚鸟卵的样子来看，我相信雨燕鹦鹉的鸟卵与同科其他物种的鸟卵一样，也是纯白色的。

我仅仅在新南威尔士地区的上猎人河附近观察到过这一物种。柯森先生告诉我说，这些鸟儿在每年的2月份和3月份都会经过他的庄园上空。

彩虹鹦鹉

英文名 Swainson's Lorikeet   拉丁文名 Trichoglossus swainsonii

彩虹鹦鹉

攀禽／鹦形目／鹦鹉科／彩虹鹦鹉属

澳大利亚的鸟类学家们都熟悉这一美丽的物种。彩虹鹦鹉几乎全部栖息在南澳大利亚和摩顿湾之间的澳大利亚大陆的东南部地区。塔斯马尼亚岛上同样栖息着一些这样的鸟儿，但是它们并不经常到访这一岛屿，到访的时间也不规律。

各种桉树的花儿为这一物种提供了丰富的食物，因此它们似乎只生活在桉树林中。我从没在其他树林中观察到过它们。彩虹鹦鹉的主要食物是花蜜和花粉，因此它们更喜欢到访那些繁花盛开的树木。在一片盛开的桉树林中，几个相近的物种热热闹闹地生活，哪怕是有生花妙笔的作者，我觉得也未必能真实地再现这一场景。三四个物种常常会造访同一棵树，经常同时从同一根树枝上的花儿中觅食。各种声音交织成了不休不止的喧嚷；一群鸟儿倏地离开大树，飞去森林的另一边时又会发出尖厉的鸣叫。这样的场景都是言语无法形容的，唯有亲自去看一看、听一听才能真正地理解。有时，在日落后的一段时间里，彩虹鹦鹉仍然在专注地进食，要将它们惊起，哪怕赶走，都不是一件容易的事。枪声在它们身下的树底响起时，它们也仅会尖声鸣叫一下，或者飞到相邻的树枝上埋头继续吃。它们的动作十分灵敏，在树叶间攀爬，以各种姿态攀附在树枝上。一天清晨，我在猎人谷的树丛中散步时，偶然碰见了一棵十分高大的桉树。它足有61米高。这棵雄壮的大树开满了花儿，几百只鹦鹉和吸蜜鸟前来光顾。我从同一根枝条上捕射下来的鸟属于4个物种。在进食时这些鸟儿们相处得极为融洽。我想，这是因为经过了漫长的一夜，饥饿感已经将它们驯服。在一年里的其他时候，我观察到的彩虹鹦鹉并没有那么友好。

尽管在新南威尔士地区彩虹鹦鹉较为常见，我还是没能收获这一物种的鸟卵。当地人告诉我它们的鸟卵有2枚，产在高大桉树的树洞中。孵卵期从9月份持续到次年的1月份。

紫顶鹦鹉

英文名 *Purple-crowned Lorikeet*　　拉丁文名 *Glossopsitta porphyreocephala*

紫顶鹦鹉

攀禽 / 鹦形目 / 鹦鹉科 / 姬鹦鹉属

新南威尔士的人们没有见过紫顶鹦鹉，我也没有在东部任何地区见到过这种鸟。在南澳大利亚，这一物种的数量十分丰富，同样多的紫顶鹦鹉还生活在天鹅河上的白皮桉树林中。因此我想，在这两个地区中间的所有地方，一定也栖息着同样多这样的鸟儿。紫顶鹦鹉是我在西澳大利亚见过的唯一一种其所在属物种，但是这一地区生长着茂密的树木。因此，还有多少鸟儿潜藏其中我并不了解。

我收集到的大部分样本是6—7月在阿德莱德周边地区捕射的，也有一些是在这一港市中捕获的。在桉树开花的季节里，这一物种和史旺森氏虹彩吸蜜鹦鹉以及姬吸蜜鹦鹉等鸟儿一起来到这一地区；在同一棵这样的树上，我们常常能同时看到所有这些物种。这时候，这些鸟儿们发出的喧嚷声，任何语言形容起来都显得苍白乏力。较大的物种由于鸣声嘶哑而响亮，掺杂在所有的声音中依然清晰可辨。这些鸟儿十分和谐地在一起觅食，在同一根枝条上常常可以看到2~3个物种。它们都是十分温和的物种；猎人们一旦发现了这样的鸟群，想要捕射多少只鸟儿都不困难。枪声在鸟群中响起丝毫不会引起这些鸟儿们的惊恐。尽管紫顶鹦鹉是严格意义上的群居鸟类，鸟群却是由一对对的雌雄鸟儿组成的。这样一对对的鸟儿总是步调一致地在枝丫间活动。整群鸟儿常常会同时从一棵树上飞起来，如利箭离弦般地飞出去寻找一棵新缀满花儿的树木。一旦发现这样的目标，它们就会立即飞落上去，敏捷地在枝丫间攀爬，姿态万千，灵活地开始进食。这一物种仅仅以桉树的花儿为食，因此在任何没有开花的桉树周围寻找它们都是徒劳的。

雌雄鸟儿的大小和羽毛颜色十分相似。

白头果鸠

英文名 *White-headed Pigeon*   拉丁文名 *Ptilinopus eugeniae*

白头果鸠

陆禽 / 鸽形目 / 鸠鸽科 / 果鸠属

白头果鸠是新南威尔士州广阔原始森林中的居民。我发现在蚊子岛和猎人河河口附近的其他低洼的小岛上，以及利物浦山脉的雪松林中，这一物种的数量都十分丰富。我相信，白头果鸠会在所有这些地方繁殖。它们极有可能终年都不会离开这些繁茂的森林，因为各种类型的树木在每个季节里都为这些鸟儿提供了大量的水果和浆果。野无花果、棕榈坚果和葡萄是它们的主要食物。我常常看到10～50只鸟儿组成的鸟群从森林中呼啸飞过，我也经常看见一对对白头果鸠一起活动。白头果鸠在野无花果树上觅食，常常会将枝条压弯。当它们攀附在小枝条末端，试图啄食最鲜嫩多汁的果实时，更是如此。它们在枝头攀爬的样子以及许多动作，都与较大的吸蜜鹦鹉和鹦鹉更像，而不那么像鸠鸽。我从来没有见过这一物种来到地面上，也从来没有见过它们去水边饮水。白头果鸠脚爪的形状完美地适应了在小树枝间的生活，但却无法在陆地上行走。

白头果鸠的飞行能力极为卓越。它们翅膀硕大，可以在很短的时间里从森林的一边飞到另一边，甚至出现在另一个地区。因此人们常常能观察到这样的鸟群飞过树冠，抛弃食物耗尽的栖息地，去寻找食物充沛的新家园。

白头果鸠会用小树枝和枝条营建形状略微扁平的巢穴。鸟卵常常只有1枚，最多也只有2枚，为纯白色。

雌雄鸟儿相比，雌鸟的身形略小，颜色更加暗淡，头部和胸脯部位的黄白色与其他部分更深的颜色融合。

插图中的鸟儿正在啄食树木上的水果。

巨地鸠

英文名 *Wonga Wonga Pigeon*　拉丁文名 *Leucosarcia melanoleuca*

巨地鸠

陆禽／鸽形目／鸠鸽科／巨地鸠属

巨地鸠一直受到人们的关注，这不仅是因为它们的羽毛十分美丽，更是因为它们也是餐桌上一道美味的食物。巨地鸠身形硕大，肉质白皙，相比同科其他鸟类是最好的食材。在平原或者任何开阔的山岭地区寻找它们是徒劳的。分布在新南威尔士海岸线上的丛林以及内陆的山岭山坡上，栖息着许多这样的鸟儿。因此这一物种几乎只栖息在与这一大陆东南部地区有着同样茂密植被的地区。

从巨地鸠的跗趾骨长度，我们可以推测出巨地鸠大部分时间都在地面上度过。它们在地面上捡拾高大树木的种子和腐烂果实的果核。它们总是躲藏在树木的阴影下，几乎从不将自己暴露在阳光下或森林中空旷的地带。行人在森林中独自穿梭时，常常会被突然飞起来的巨地鸠惊吓到。它们扇动翅膀发出的声音与雉鸡飞行时翅膀发出的声音十分相似。巨地鸠并不能长时间持续地飞行。它们仅会在受到惊扰时飞到附近或者远处的树上。我常常有机会在伊拉瓦拉、猎人河河口的低洼岛屿以及利物浦山脉上的雪松林中仔细观察它们。我在这些地方露营的时候，总是会猎杀一些巨地鸠食用，和面包沙司搭配在一起吃是很好的美味。

这一物种具体在哪里繁殖我并不清楚。它们可以很好地适应圈养的生活，也很容易被驯化。

雌雄鸟儿在羽毛方面没有差异，但是雌鸟的身形比雄鸟略小。

铜翅鸠

英文名 *Common Bronzewing*　拉丁文名 *Phaps chalcoptera*

铜翅鸠

陆禽／鸽形目／鸠鸽科／铜翅鸠属

铜翅鸠十分广泛地分布在澳大利亚的所有地区，殖民地居民在所有居住地都发现了这一物种。埃辛顿港、天鹅河、塔斯马尼亚岛以及新南威尔士的铜翅鸠样本都极为相似，完全可以被看作是同一物种。

铜翅鸠身材肥胖，最丰满的时候能有0.45千克重。它们的胸肌厚密结实，是很好的食物。各社会阶层的人都会食用这种鸟儿，它们的肉既上得了市长的宴会，也是内陆地区棚屋农舍中的佳肴。铜翅鸠的飞行能力极为卓越，它们能在很短的时间里飞过大片土地。在日落前，这些鸟儿常常会敏捷地飞过平原或山谷去饮水。1839—1840年的大旱期，我在露营地上每天都能看到飞来饮水的铜翅鸠。当地居民说，我营地旁的那几个岩石小水坑中存下的几个月前的雨水，是附近几千米地上唯一的水源。这一特殊情况让我有充分的机会去观察铜翅鸠以及各种生活在附近地区的鸟儿。不过很少有以昆虫为食的鸟儿飞来；而那些以谷物和种子为食的物种，尤其是鹦鹉和食蜜鸟，总是会冲到水塘边，口渴让它们变得十分大胆，完全不会在意我的存在。铜翅鸠几乎不会在正午天气最热的时候来到这里。一只只或孤零零或成双成对的鸟儿总是在傍晚时候匆匆地飞来。它们并不会直接停落在水边，而总是在离水源9.14米远的地方停下来，安静地等待上一会儿，接着才悠闲地走到水边。在连续地大口饱饮之后，它们才会飞到栖息处去过夜。若是行人视野中出现了这一物种，他一定就知道自己离水源不远了。无论天气有多么炎热，只要看到铜翅鸠从各个方向朝同一个地点飞去，你就一定能在那里发现食物和水。当雨水充沛地落下时，河流和湖泊中的水漫出来，这些鸟儿和其他物种就都变得没有那么容易被捕获了。在这一生存条件不再匮乏的时候，这些鸟儿们就会英勇地躲避各种敌人的追捕。

据说这一物种时常会进行短途迁徙，我认为情况很可能确是如此。因为我发现，这一物种在一个地区的数量有时会突然增加。繁殖季节过去以后，大量成年鸟儿和幼鸟会飞向农民的田地中。这时候,猎人们尽管几乎不能一次捕猎两只甚至更多,但是在一天的时间里总有二三十对鸟儿被捕杀。这时候这些鸟儿的肉质也是最好的。尽管如此,相比巨地鸠,铜翅鸠的味道还是要逊色一些。

铜翅鸠只在地面上进食。各种豆科植物的种子是它们的主要食物。它们在8月份以及此后的4个月繁殖。每对鸟儿会繁殖2窝幼鸟。鸟卵为白色,有2枚。

它们的鸟巢与同科其他鸟类的巢穴相似,是用小树枝堆砌成的简单结构体。这些鸟巢常常被建在苹果树和桉树靠近地面的水平枝条上。那些生长在水边平坦草地上的树木更受到它们的钟爱。我常常在澳大利亚和英国见到被圈养的铜翅鸠,但是我还不清楚它们是否会在圈养时繁殖。栖息在天鹅河的铜翅鸠据说会迁徙,大群这样的鸟儿会出现在那里的内陆地区。相反,栖息在埃辛顿港的铜翅鸠终年都不会离开。吉尔伯特先生说它们在那一地区的各个区域数量都同样丰富。那里的鸟儿将巢穴建在拔克西木的枝条上。

插图中为雄鸟和雌鸟,后者被射伤,即将死去。

聚群铜翅鸠

英文名 | Harlequin Bronzewing　拉丁文名 | Phaps histrionica

聚群铜翅鸠

陆禽／鸽形目／鸠鸽科／铜翅鸠属

1839年12月2日，我在一条发源于利物浦山脉、汇入纳摩伊河的河流岸边露营时，第一次看到了这一美丽的新鸠鸽。

日落时分，我在溪流边散步时，看到了一只这样的鸟儿从水边飞起来，飞了大约41米远，接着停落在地面上。它在地面上的神情和动作都与沙鸡相似。两个星期后，我沿着纳摩伊河顺流而下241千米左右，来到这里那里都生长着树木的广阔平原上。我突然惊喜地发现大群这样的鸟儿在我眼前飞起来，接着又在不远处落下。在发现它们根本不会让人靠近后，我躲藏了起来，并让一个当地的伙伴绕到鸟群后方驱赶它们。鸟儿们像之前那样同时飞了起来，发出大而喧嚷的声音。所有鸟儿排列得如此紧密，若不是它们的队伍与我所成的角度让我无法放枪，我一定能捕射许多只样本。最后我只捕获了4只鸟儿，其中2只是雄鸟。在这样静谧的环境中响起的枪声显然让这些鸟儿吃了一惊，于是其他的鸟儿都迅速地从我视野中消失了。

一周后，我们在同一片平原上的另一个地方又发现了大群这样的鸟儿。但是没等我们举起枪，它们就已经飞到了六七十米外的地方。这是我最后一次见到聚群铜翅鸠。我小心利用每一次机会去询问当地人和边防哨的管理人有关这一鸟儿的信息，但是他们都说在这一季节之前从没有见过它们。如果这一断言是准确的，那么我们不得不去想：这一精致的鸟儿是从哪里来？我们难道不能合情合理地猜测它们是从这一广阔大陆的内部地区迁徙而来？而且我们知道，在未来那片神秘的土地上还有许多物种会被发现。这种鸟的翅膀极长，显然这是在广阔土地上生活需要具备的有利条件，这样它们可以轻松地在极短的时间里飞越大片的土地。这一卓越的飞行能力也保证它们可以在遥远的地方寻找到可贵的水源。

我解剖了一些样本，发现有一半的嗉囊中都塞满了坚硬的小种子。这些种子是在开阔的平原生长的，但是我并不清楚它们的具体种属。

冠鸠

英文名 | *Crested Pigeon*   拉丁文名 | *Ocyphaps lophotes*

冠鸠

陆禽／鸽形目／鸠鸽科／冠鸠属

冠鸠朴素的颜色、优雅的外形以及从枕骨部位向后流动的美丽羽冠，都让它们成了栖息在澳大利亚的最可爱的鸠鸽科鸟类之一。事实上我认为，冠鸠是所有鸠鸽科鸟类中最美丽的一个物种。遗憾的是，因为这一物种完全是内陆平原上的居民，它们并不常常进入所有人的视野中。

正如我们料想的那样，这一物种吸引了所有在这一地区探索的行人的目光。斯特尔特先生提到，在惠灵顿山谷的平原上以及马兰比季河附近地区，栖息着许多这样的鸟儿。与其他的环境相比，冠鸠更喜欢沼泽湿地。斯特尔特先生说，他认为这一物种在哪里出现就意味着那里比其他地方更容易洪水泛滥。我所知道的冠鸠离海岸边最近的栖息地，是南澳大利亚墨累河大河湾附近的地区。大量的冠鸠栖息在这一地区。在纳摩伊河河岸、摩顿湾背部的平原上，也栖息着许多这样的鸟儿。但是它们极少出现在利物浦平原上。冠鸠常常会大群聚集。在干旱的季节里，许多鸟儿会一同飞去饮水。它们常常先是飞落在水湾边的同一棵树甚至同一根树枝上，接着同时飞下去饮水。这时候它们形成的鸟群如此紧密，我甚至听说有猎人在这样的时候一次捕射了几十只冠鸠。

冠鸠的飞行速度极快，鲜有同族的鸟儿可以与之匹敌。它们只要拍动几次翅膀，就可以滑翔上一段不短的距离。在枝条上栖落前，冠鸠会翘起尾羽，昂起脑袋，同时直立起羽冠，尽情炫耀自己美丽的羽毛。

1839年12月23日，我在下纳摩伊地区大平原一棵低矮的树上看到了这一物种的鸟巢。与其他鸠鸽科鸟类的鸟巢一样，冠鸠的鸟巢是一个用小树枝筑起的简单结构体。其中有2枚白色的鸟卵，雌鸟正在孵卵。

雌雄鸟儿的羽毛十分相似。

斑肩姬地鸠

英文名 | Bar-shouldered Dove　　拉丁文名 | Geopelia humeralis

斑肩姬地鸠

陆禽／鸽形目／鸠鸽科／姬地鸠属

斑肩姬地鸠栖息在澳大利亚广袤的内陆地区以及北部和东部海岸上。在新南威尔士，这一物种稀稀疏疏地分布在利物浦平原上。我在那里捕获了一些斑肩姬地鸠样本，在埃辛顿港捕获了另外一些样本。正如它们腿部结构所告诉我们的那样，斑肩姬地鸠一天中的大部分时间都在地上度过，寻找各种青草和豆科植物的种子。斑肩姬地鸠不仅是栖息在澳大利亚的最优雅的一种鸠鸽，也是最温顺驯服的一种鸟儿。我在新南威尔士炎热平原上观察到的几个物种中，斑肩姬地鸠是最优雅温顺的一种。这一物种十分大胆，有时会在离我休息处1.8米的地方栖坐下来。在极为缺水的时候，它们会表现得更加驯服和大胆。

吉尔伯特先生说："在埃辛顿港，斑肩姬地鸠数量极为丰富。它们栖息在灌木丛、沼泽地以及流水的溪流边。它们主要以各种野草的种子为食；当这一类食物枯竭时，它们则会以灌木丛中丰富的浆果为食。几百只斑肩姬地鸠组成的鸟群常常会出现在红树林中，因此殖民地的人们叫它们红树林鸽。我生活在这一地区时，一直可以看到许多斑肩姬地鸠，要想捕获多少斑肩姬地鸠样本都不是一件难事。在受到惊扰时，它们仅会换一根树枝重新栖坐下来。即使在树木稀少的地区，它们也仅会飞到邻近的树上。我从没观察到过它们会持续飞行上一段时间。这一物种最常见的鸣声响亮，间隔较长的时间才会鸣叫一次。在求偶期里，它们的鸣声开始变得温和，会不断地重复几个音符；它们的动作也与欧洲的家鸽十分相似。斑肩姬地鸠在8月份繁殖，会用小树枝建造一个简单的小巢穴。这样的鸟巢不仅可以遮挡阳光，也可以躲避雨水。鸟卵有2枚，为细腻的肉白色。"

雌雄鸟儿的颜色相似。

斑眼冢雉

英文名 | Malleefowl   拉丁文名 | Leipoa ocellata

斑眼冢雉

陆禽／鸡形目／冢雉科／斑眼冢雉属

斑眼冢雉似乎更适合栖息在平原和开阔的地区,而不是杂乱的树丛中。这一物种为适应栖息环境而选择的繁殖育雏方式也十分让人惊叹。约翰·吉尔伯特先生将其对这一物种的观察描写寄给了我,下面是他的原文。

"我从西澳大利亚的当地人那里获得了关于这一物种生活习性、特点和繁殖方式的第一手资料。摩尔先生在珀斯北部大约96千米的地方看到了大群这样的鸟儿。斑眼冢雉总是生活在地面上,只有被敌人逼急了的时候才会飞到树上。在被追逐的时候,斑眼冢雉常常会将脑袋钻进树丛中,这样很容易就会被捕捉起来。

"它们的行为和特点与普通的家禽无异。它们的食物通常包括种子和浆果。斑眼冢雉的鸣声哀怨,与鸽子的鸣叫相似,但是声音更加内敛。它们将鸟卵产在沙堆中。为了营建沙堆,雌雄鸟儿都会参与工作。当地人说,它们会将附近几米内的沙土都堆起来,堆成一个大约0.9米高的沙土堆。沙土堆中还有交错的几层枯叶和青草等。雌鸟将12枚或更多鸟卵产在其中,接着覆盖起来。亲鸟们从来不会孵卵。白天鸟卵在阳光的照射下慢慢孵化,夜晚沙堆中的植物又可以保存热量。卵壳为白色,略微有红色的着色。

"当地人极为喜欢这些鸟卵,每年会去掏两三次沙堆。他们根据沙堆周围散落的羽毛数量来判断鸟卵的大致数目。若是羽毛很多,他们就知道沙堆中已经装满了鸟卵,接着就会扒开沙堆,将所有鸟卵都取走。鸟儿们不久就会在同一个地方第二次产卵。它们的鸟卵被第二次掠夺之后,这些鸟儿通常还会第三次产卵。

"一位陪同摩尔先生去考察的人补充说,在所有他们翻开的斑眼冢雉的沙堆中,他们都发现了许多蚂蚁,数量与蚁丘中的不相上下。许多时候,鸟卵下部周围的沙土已经变得十分坚硬,他们不得不用凿子将这些鸟卵取出来。沙堆内部总是很热。"

橙脚冢雉

英文名 | Orange-footed Scrubfowl   拉丁文名 | Megapodius reinwardt

橙脚冢雉

陆禽 / 鸡形目 / 冢雉科 / 冢雉属

橙脚冢雉的栖息地包括菲律宾群岛、印度群岛和澳大利亚。在澳大利亚大陆北海岸的科堡半岛上，也栖息着许多这样的鸟儿。未来的研究或许会证实这一物种也栖息在整个北海岸上。

如下的描写摘自吉尔伯特先生的笔记：

"我刚刚来到埃辛顿港，便注意到了许多巨大的土堆。一些居民告诉我它们是土著居民的坟墓。当地人则告诉我，它们是一种丛林禽鸟筑起来孵卵的巢穴。这种说法让我十分诧异，这与我以往的经验大不相同。因此那里的居民也都不相信这种说法，也不愿意去检查这些土丘从而证实或否定这些说法。当地人拿来了一些个头很大的鸟卵，认为是橙脚冢雉的卵，这一点也更加让人怀疑他们的说法。我清楚斑眼冢雉有相似的育雏习惯，因此对这样的描述十分有兴趣。我立即决定去研究个明白。在获得了一位精明的当地人的帮助后，我了解了这种鸟儿的几个栖息地。11月16日，我来到埃辛顿港上一处不太为人知道的海湾。据说那里生活着一些这样的鸟儿。我在一丛灌木边着陆，走了不久就在离海岸不远处看到了一堆沙土和贝壳，其间还混杂着少量黑土。这个沙堆下面是沙滩，底部仅仅高出高水位线几十厘米。我将它指给那个当地人看，并问他那是什么。他说这是丛林雉鸡的窝。我接着从侧面刨开这个鸟巢，不一会儿便大为惊喜地在离洞口约60厘米的地方发现了一只幼鸟。它卧在一些枯叶上，看起来只有几天大。我将这只幼鸟带回去精心照料，希望能将它养活。我找到了一个中等大小的盒子，在盒子中放了许多沙土。这只幼鸟会主动吃一些碎玉米，我满心以为它会安心在这里长大，可是事实证明它并不是一种好脾气的鸟儿，忍受不了圈养的生活，第三天便逃走了。在圈养的几天里，它不停地试图将沙子堆起来。它敏捷地将沙子从一边扔到另一边，相对于它弱小的体格来说，这速度十分惊人。那时它的身材并不比一只小鹌鹑大。夜里它总是狂躁不安，啄东啄西试图逃走。发出的声音让我整夜无法入睡。

"此后的日子里，我不断收到新的鸟卵，但却没有机会亲眼见证它们是从沙堆中取出来的。2月6日，我再次到访埃辛顿港的这一海湾，终于幸运地看到了2枚鸟卵被从1.8米深的沙堆中取出来。这个沙堆是我当时见到的最大的沙堆之一。从沙丘中央至小丘外侧斜坡，有一系列倾斜的小洞。据说这一物种在一个洞穴中仅产1枚卵。雌鸟产下卵后会立即将洞口掩盖起来。沙丘上部被整理得光滑平整。要想从这样的沙丘中找到鸟卵并不是一件容易的事。当地人在这样的沙丘中寻找鸟卵时，常常会被耗尽耐心。在我发现这两枚鸟卵前，这个当地人连续六次挖掘这个沙丘，直挖到2米左右的深度，还是一无所获。他因此筋疲力尽，发誓绝不再挖第二次。但是我的兴趣越发浓了，于是增加了佣金，引诱他再找一次。这一次我的愿望终于达成。他骄傲而满足地拿出了一枚鸟卵。后来又经过两三次尝试，他找到了第二枚鸟卵。事实证明，欧洲人不应该轻易无视这些可怜的自然之子们的某些奇特而出人意料的说法。

"2月10日我再一次来到这里，艰难地走进一丛被攀缘植物包裹的茂密灌木丛中。我突然发现自己置身于一个巨大的土丘旁。这个土丘的高度有4.6米，底部周长有18米。我和这个当地人立即开始寻找鸟卵。在烈日的暴晒、毒蚊以及沙蝇的骚扰下努力工作了一个小时后，我成功地在大约1.5米深的地方找到了一枚鸟卵。

"橙脚冢雉几乎总是栖息在海岸边茂密的丛林中。除非沿着溪流岸边活动，它们从不会深入到内陆中。它们总是或成对或孤零零地生活，在地面上觅食。它们的食物包括根须和种子、浆果以及昆虫，尤其是较大的甲虫。它们强有力的脚爪可以十分敏捷地挖出地下的根茎。

"要捕获这一物种从来不是一件轻松的事。在飞行时，它们僵硬的翅膀常常会发出沙沙的噪音，但是这些鸟儿却极少出现在视野中。它们的飞行方式笨重而且不连贯。刚刚受到惊扰时，它们总是会飞到一棵树上，伸长脑袋和脖子，使它们与身体连成直线，一动不动地栖坐在树枝上。然而若是一直受到打扰，它们则会笨拙地沿着水平路线飞上90米，双腿垂落，仿佛断了一样。我自己没有听过它们的鸣声，但是从当地人的描述和模仿中，我认为它们的鸣声与普通的家禽相似，鸣叫到最后甚至会像孔雀那样尖叫。"

彩三趾鹑

英文名 *Painted Buttonquail*　拉丁文名 *Turnix varia*

彩三趾鹑

陆禽／鸻形目／三趾鹑科／三趾鹑属

在澳大利亚的猎鸟中，彩三趾鹑占据着十分重要的位置。尽管它们并不会与其他的猎鸟在一起活动，但是它们常常与其出现在相同的地区。清晨在新南威尔士和塔斯马尼亚岛散步时，我们总能捕获一些这样的猎鸟。彩三趾鹑的自然栖息地，是生长着一些矮树的贫瘠山岭。

彩三趾鹑在塔斯马尼亚岛的所有地区都十分常见，一般高度的山岭和干燥的岩石地区是彩三趾鹑最喜欢的栖息地。在巴斯海峡中贫瘠多沙的岛屿上，也生活着许多彩三趾鹑。在澳大利亚大陆上，新南威尔士和南澳大利亚是彩三趾鹑最主要的栖息地。西澳大利亚的彩三趾鹑样本乍看与其他的彩三趾鹑完全一致，但是在仔细比较后，我发现这些样本的身材要小一些，斑纹也有不同。塔斯马尼亚岛的样本要比新南威尔士的样本大许多。但是它们的斑纹没有不同。

彩三趾鹑奔跑起来极为迅速。在受惊时会低飞，尖锐的翅膀看起来很像滨鹬。在地面上奔跑或走动时，彩三趾鹑会伸长颈项，高抬着脑袋，背部结构圆滑，整个样子看起来十分诡异。它们的繁殖期开始于8—9月，结束于次年1月。在这段时间里，每对鸟儿至少会繁殖2次。鸟卵总是有4枚，被产在裸露的地面或简单营建的青草巢穴中。有时，这些鸟卵也会被产在岩石的背风处或草丛中。鸟卵为极浅的黄色，有细密的红棕色、栗色和紫灰色斑点和斑纹。

它们常常不断地鸣叫，鸣声大而哀怨。

这一物种的一个显著特点是，雌鸟的身形要比雄鸟大许多。两者的身形差异如此巨大，连我们的插图都没能准确地表现出这一差异。不过它们的羽毛颜色和特征没有不同。

幼鸟孵化后立即就能奔跑，这时候它们的样子与小松鸡和鹌鹑十分相似，几乎难以区分。不过它们身上短小的绒毛很快就会被羽毛取代。新长出的羽毛要比成年鸟儿的羽毛暗淡一些。

这一物种的食物包括昆虫、谷物和浆果；各种昆虫它们都不会拒绝，但是蝗虫最受它们喜欢。它们的砂囊十分厚实坚韧，里面常常会有许多沙子。

在塔斯马尼亚岛和新南威尔士的灌木丛中旅行时，我常常发现这一物种的鸟巢和鸟卵。下面的段落来自我当时做的笔记：

"1838年12月28日，塔斯马尼亚岛。在霍巴特镇附近发现两群彩三趾鹑。一群鸟儿的个头比另一群小一些，显然是刚刚孵化的。另一群鸟儿则有两三周大。幼鸟的腿为暗淡的肉黄色；鸟喙端部为黑色，基部几乎为白色；眼睛为极深的棕色；大一点的鸟儿腿为橙色，鸟喙基部颜色更浅，眼睛为灰色。

"1839年10月6日，新南威尔士上猎人谷。我发现了一个鸟巢，捕射了一只正在孵卵的雌鸟。雌鸟身下有4枚卵。在孵化鸟卵时，雌鸟将2组鸟卵分别放置在胸部裸露的皮肤下。"

彩三趾鹑的飞行方式笨重，单次飞行距离短但是比较迅速。它们从来不会飞过矮树或青草。

小三趾鹑

英文名 *Australian Little Buttonquail*　拉丁文名 *Turnix velox*

小三趾鹑

陆禽／鸻形目／三趾鹑科／三趾鹑属

我在新南威尔士各地区都发现了这一有趣的新物种，但是至于它们是经常到访那里，还是仅仅在最近才到访那里，我并不清楚。不知为何，小三趾鹑逃过了所有收藏家的目光，因为我从来没有在任何公共或个人的收藏中看到过这一物种。

1838—1839年大旱之后的季节，草木生长得格外丰盛富足。许多罕见有趣的物种接踵而至，这对我的外出考察显然是极有帮助的。小三趾鹑喜欢栖息在低洼的岩石山脊上，这些地方还通常稀疏地生长着各种青草。在受惊时，小三趾鹑先是贴近地面纹丝不动地卧着，在几乎快被踩到的时候它们才会起飞。在飞行时它们的速度极快，身形又小，在郁郁葱葱的森林中十分难辨；猎人们要捕射它们并不容易。在惊起时，它们会沿着离地面仅仅0.6~0.9米高的水平路线飞上一二百米远，然后突然落回地面上。

小三趾鹑最非凡的特点之一是雌雄鸟儿身形上的差异，雄鸟只有雌鸟的一半大小。我很高兴认识了这一物种，当发现这一物种的鸟卵和幼鸟时，兴奋的心情更加难以抑制。两个聪明忠诚的当地年轻人总是陪伴着我，他们捕获了几只刚刚离巢不久的幼鸟。

除了我在上文提到的几个地区，我还在利物浦平原北部的内陆地区看到了少数这样的鸟儿。在我离开悉尼以前，我收到了一只来自南澳大利亚的样本。后来我又从天鹅河的收藏中找到了小三趾鹑样本和鸟卵。在西澳大利亚，据说这一物种栖息在开阔的草地上，有时它们也会出现在茂密的树丛中，但是它们最喜欢的栖息地还是靠近水源、草木茂盛的山谷。

小三趾鹑在9月份和10月份繁殖。鸟巢建在小草丛下的浅坑中，是用青草营建的简单结构体。鸟卵有4枚，为暗白色，有十分密集的栗色斑纹。

它们胃部肌肉结实，食物包括蝗虫和其他的昆虫、种子等。

澳洲鹌鹑

英文名 | *Pectoral Quail*　拉丁文名 | *Coturnix pectoralis*

澳洲鹌鹑

陆禽／鸡形目／雉科／鹌鹑属

　　大量的澳洲鹌鹑栖息在塔斯马尼亚岛、南澳大利亚和新南威尔士。我也收到了来自西澳大利亚和北海岸的澳洲鹌鹑样本。来自这些地方的澳洲鹌鹑身形更小，下体表有更加均匀的黄色光泽。这一物种最喜欢的自然栖息地是开阔的草原、广袤的草地以及各种耕地。在结构和生活习性方面，澳洲鹌鹑与欧洲的鹌鹑十分相似。南澳大利亚的澳洲鹌鹑生活在阿德莱德北部广阔的平原上。有时，在一个地区我会突然发现一只惊起的澳洲鹌鹑，却再也找不到第二只；在另一些时候，却能观察到成对或4~6只澳洲鹌鹑。它们的飞行能力十分卓越：在被惊扰时，它们会立即飞起来，眨眼间出现在草原的另一边。澳洲鹌鹑还一直是猎人们捕猎活动的对象。它们的肉质不消说，是可口的美味，与欧洲鹌鹑不分伯仲。

　　我在澳洲鹌鹑的栖息地散步的时候，常常会发现它们的鸟巢和鸟卵——与我们的鹌鹑的鸟巢、鸟卵都很相似。不过这些鸟儿的羽毛颜色存在一些不同。一些样本白色的羽毛上有大块的棕色斑点，另一些则有更精致的斑纹。不同鸟巢中的鸟卵数量也不相同，11~14枚不等。澳洲鹌鹑的筑巢环境变化也较多，我有时会在丰茂的草丛中发现这样的巢穴，有时也会在开阔的平原上高大的野草下发现精心掩藏的鸟巢。

　　这一物种的主要食物是谷物、种子和昆虫。澳洲鹌鹑会飞去农田中寻找谷物类的食物。在塔斯马尼亚岛，秋季，农民们刚刚完成了收获，大群这样的鸟儿就会飞去庄稼地里觅食，因此那里的人们把澳洲鹌鹑叫作"拾荒鹌鹑"。

　　9月份和接下来的3个月是它们的繁殖期。栖息在塔斯马尼亚岛的澳洲鹌鹑繁殖期要比南澳大利亚和新南威尔士的澳洲鹌鹑晚一些。

　　雄鸟的平均体重是127.6克；雌鸟的体形总是小一些，而且胸部完全没有黑色的斑纹，喉部也为白色，而不是浅黄色。

BIRDS OF AUSTRALIA
VOLUME Ⅳ
CURSORES & GRALLATORES

卷 六

走 禽 和 涉 禽

鸸鹋

英文名 Emu　拉丁文名 Dromaius novaehollandiae

鸸鹋

走禽 / 鹤鸵目 / 鸸鹋科 / 鸸鹋属

这一精致的物种身材仅次于非洲的鸵鸟。贝内特先生说:"在身形大小方面,鸸鹋仅次于非洲的鸵鸟。鸸鹋的平均高度在 1.5～1.8 米。在身形方面鸸鹋与鸵鸟相似,但是腿和颈部要短一些,毛发更多,样子更笨拙。从远处看,它们的羽毛更像是毛发,羽支稀松梳离。与鸵鸟一样,鸸鹋的每支羽茎上也生长出了两支羽毛。它们的翅膀极小,覆盖在身体表面时几乎看不出来。翅膀上的羽毛也与背部羽毛相似,从一条中线向两边展开,看起来极为优雅。这一物种似乎广泛地分布在澳大利亚大陆的南部地区以及附近的岛屿上。它们是否栖息在热带地区我们还不了解。从前,在植物湾和杰克逊港,这一物种的数量也很丰富。在南部海岸上栖息着大量这样的鸟儿。自然学家们在德因特里卡斯托海峡也观察到了它们的身影,而且似乎在附近的岛屿,尤其是袋鼠岛和国王岛上也栖息着许多鸸鹋。"

显然,鸸鹋十分普遍地栖息在整个澳大利亚大陆,栖息在北部或热带地区的鸸鹋远比我们以前料想的要多。而另一方面,塔斯马尼亚岛、巴斯海峡中的岛屿以及新南威尔士的鸸鹋似乎灭绝了。少数鸸鹋栖息在塔斯马尼亚岛的西部,在利物浦平原、新南威尔士,我们或许还能看见它们。而我最近也在猎人河河口的低洼岛屿上发现了它们的足迹。在南澳大利亚,鸸鹋受到的来自白人的骚扰要比栖息在新南威尔士的鸸鹋少得多。天鹅河地区的情况也是如此。

贝内特先生说:"在生活习性方面,鸸鹋与鸵鸟十分相似。它们的食物似乎完全是植物性的,主要包括水果、根须和植物。因此,尽管它们的力量很大,但是不具备攻击性。它们的大腿粗壮而结实有力,奔跑的速度极快;它们十分胆小,要想追上它们或者猎射它们并不容易。坎宁安先生说狗很少会攻击鸸鹋,一是因为鸸鹋身体散发出它们不喜欢的味道;二是因为一旦鸸鹋用它强有力的脚爪发动攻击,这攻击将会是致命的。"

鸸鹋的肉可以与牛肉相媲美,据坎宁安先生说:"肌肉的样子和味道都与牛肉相似，味道甜美可口。幼鸟的肉最为精致。"

鸸鹋鸟卵每窝有6～7枚，为漂亮的深绿色，看上去与粗面皮革相似。当地人很喜欢这种鸟卵，会食用所有收获的鸸鹋卵。鸸鹋仅仅将鸟卵产在沙土中刨开的浅坑里。

一对雄鸟和雌鸟会长时间配对，雄鸟似乎承担了大部分的育雏工作。在圈养时它们会很快变得驯服，也会主动地繁殖幼鸟。

雌雄鸟儿的羽毛颜色几乎没有差异。

插图中是雄鸟和一窝幼鸟。

褐几维鸟

英文名 Brown Kiwi   拉丁文名 Apteryx australis

褐几维鸟

走禽／鹬鸵目／鹬鸵科／鹬鸵属

褐几维鸟鸟喙细长，跗骨短，骨刺尖锐，后趾退化。褐几维鸟的翅膀尽管已经退化，但是与美洲鸵一样，末端有一个极为弯曲的爪。而其羽毛结构则与食火鸟最为接近。

褐几维鸟最喜欢的栖息地是生长着茂密蕨类的广阔地区。这些鸟儿也常常躲藏在深深的蕨类植物中。猎狗常常疯狂地追逐它们，这时候它们会奔跑起来，躲藏进岩石裂缝、树洞和在地面上挖掘的深深洞穴中。褐几维鸟会用干枯的蕨类和青草在这样的洞穴中筑起一个鸟巢，在其中产下鸟卵。

肖特先生说，在不被打扰的时候，褐几维鸟会将脑袋缩在肩膀上，鸟喙伸向地面。但是在被追逐的时候，它们会像鸵鸟那样高抬起脑袋迅速地奔逃。在生活习性上，褐几维鸟几乎完全是夜行性的，当地人常常举着火把去捕猎它们。当地居民对这种鸟儿的需求十分贪婪。它们的皮毛被部落酋长当作盛装穿戴起来。这些居民十分珍视这种鸟儿，他们的生活几乎无法离开它们。它们的羽毛也被用来制造假蝇虫诱饵来捕鱼，这与欧洲人的方法是相同的。在受到攻击时，褐几维鸟会展开猛烈的反击，它们的脚爪强壮有力，骨刺十分尖锐，击打迅速而充满危险。据说它们在进食时也会用脚爪来击打地面，从而将土壤中的蠕虫驱赶出来。一旦蠕虫露出地面，它们就会立即用鸟喙将这些食物啄拾起来。它们或许还会吃蜗牛、昆虫等。

据说在新西兰的所有岛屿上都栖息着一些这样的鸟儿。

褐几维鸟面部和喉部为绿棕色，其他的羽毛为栗棕色，呈披针状，两侧边缘为黑棕色；胸脯下部和腹部羽毛颜色比上体表羽毛颜色浅，为灰色；鸟喙为黄角质色，基部边缘有许多长长的毛发；脚爪为黄棕色。

澳洲黑蛎鹬

英文名 | *Sooty Oystercatcher*　拉丁文名 | *Haematopus fuliginosus*

澳洲黑蛎鹬

涉禽／鸻形目／蛎鹬科／蛎鹬属

在仔细地比较了好望角、合恩角和澳大利亚的黑蛎鹬之后，我发现这些样本之间的差异极大，因此我认为它们是不同的物种。澳大利亚的黑蛎鹬羽毛颜色乌青，因此我给它们取名为澳洲黑蛎鹬。

澳洲黑蛎鹬最主要的自然栖息地是塔斯马尼亚岛、巴斯海峡中的岛屿和澳大利亚大陆的南部海岸。在所有适合它们生活习性和特点的地区，都栖息着许多这样的鸟儿。河口沙洲、沙嘴以及小岛屿都是它们最喜欢的栖息地。澳洲黑蛎鹬的栖息地如此广泛，要一一列举完全无必要。澳洲黑蛎鹬是一种严格意义上的留鸟，会在它们常常到访的地方繁殖。若是栖息地环境发生变化，为了躲避入侵者的威胁，这些鸟儿会离开昔日的海岸边，来到小岩石岛屿上，比如巴斯海峡中的小岛。在绝对安全的环境中，澳洲黑蛎鹬才会开始繁殖育雏。

澳洲黑蛎鹬身体结构结实，肌肉有力量。但是它们的样子没有斑蛎鹬那样漂亮迷人。

鸟卵有2枚；卵壳为浅石板色，其上有大块不规则的深棕色斑块。

巢穴受到侵犯时，它们会发出极为聒噪的鸣叫，常常还会不停地在巢穴附近飞来飞去。

澳洲黑蛎鹬的整体羽毛为均匀的灰黑色，颈部和下体表略有绿色的光泽；鸟喙和睫毛为极深的橙黄色；虹膜为红色；腿和脚爪为暗淡的砖红色。

金鸻

英文名 | *Pacific Golden Plover*　拉丁文名 | *Pluvialis fulva*

金鸻

涉禽／鸻形目／鸻科／斑鸻属

　　金鸻的数量并不丰富，但是它们的分布范围极广。从塔斯马尼亚岛到澳大利亚大陆的最北部，都栖息着一些这样的鸟儿。我在悉尼的博物馆中看到了在梅尔维尔岛捕获的金鸻样本，可见这一物种的栖息地十分广阔。我在塔斯马尼亚岛的德文特河河岸上捕获了几只金鸻，也在与弗林德斯岛相对的一座岛屿上捕射了几只这样的鸟儿。

　　在生活习性、特征和整体结构方面，金鸻与欧洲的金鸻十分相似。与欧洲的金鸻一样，澳大利亚的金鸻也会到访沼泽和海岸边的开阔平原地区。它们奔跑起来十分敏捷，飞行的速度也极快。

　　繁殖期，金鸻胸脯部位的黑色羽毛在初春时就生长了出来。随着季节的推移，它们的羽毛呈现出斑驳的黄色冬装与下体表呈均匀黑色的夏装之间的任何一种状态。但是我极少见到下体表为均匀黑色的金鸻。因此我怀疑，它们并不会在澳大利亚南部的任何地区繁殖。

　　金鸻的夏季羽毛特征如下：整个上体表和尾羽为极深的棕色，每支羽毛边缘有一系列椭圆形的黄色和白色斑点；主翼羽为深棕色，羽轴为白色；眼端、面部两侧、胸脯部位和整个下体表为深黑色，从前额至眼睛上方、沿颈部两侧和侧腹有一条宽阔的白色斑纹，斑纹末端变得更宽而且醒目；下翅膀覆羽和肩胛部位的细长羽毛为均匀的银棕色；虹膜为深棕色；鸟喙为深橄榄色；腿和脚爪为浅灰色。

　　金鸻的冬季羽毛特征为：下体表的黑色和白色斑纹完全消失，取而代之的是浅黄色和棕色的斑驳羽毛，每支羽毛端部有一个三角形的浅棕色斑纹。

　　插图中为夏季和冬季的金鸻。

红膝麦鸡

英文名 | Red-kneed Dotterel　　拉丁文名 | Erythrogonys cinctus

红膝麦鸡

涉禽 / 鸻形目 / 鸻科 / 红膝麦鸡属

我仅仅在澳大利亚的东南部地区见到过这一物种,收到的样本也都来自这一地区。

红膝麦鸡是新南威尔士地区的一种夏候鸟。在这一地区,它们被认为是一种十分珍稀的物种。它们的自然栖息地是湖泊边、泥泞的滩涂地和河岸边。我认为红膝麦鸡从不会出现在海岸边或靠近海岸的地方,它们完全是内陆地区的居民。我极少见到两只以上的红膝麦鸡一起活动,一对对一起活动的鸟儿往往都是一只雄鸟和一只雌鸟。在溪流岸边,它们能够寻找到足够的食物。红膝麦鸡是一种爱炫耀而且活泼的小鸟。它们性格温和,猎人们在它们的栖息地上想捕获多少样本都是可能的。

雌雄鸟儿的羽毛颜色和斑纹没有差异,身形大小也基本相同。在我到访它们的栖息地时,尽管它们或许正在繁殖育雏,但我并没有找到它们的鸟卵。两个为我提供帮助的当地人在这方面也没能帮上忙。

红膝麦鸡的食物包括各种昆虫。

红膝麦鸡的头部、耳部覆羽、颈背部和胸部为黑色;眼睛下部的小斑块、喉部、胸部、颈部两侧、腹部中央和下尾羽覆羽为白色,后者有深棕色斑点;背部、翅膀中央和三级飞羽为橄榄色,有铜棕色着色;副翼羽端部和六支主翼羽端部内羽片为白色;尾部和两支中央尾羽为橄榄色,其他尾羽为白色;侧腹为栗色;虹膜几乎为黑色,有一条狭窄的黑色眼上部斑纹;鸟喙柔软,基部为粉红色,端部为黑色;大腿、膝部和跗骨一部分为粉红色,跗骨剩下的部分和爪趾为美丽的紫铅色。

澳洲燕鸻

英文名 | Australian Pratincole　　拉丁文名 | Glareola grallaria

澳洲燕鸻

涉禽／鸻形目／燕鸻科／澳洲燕鸻属

澳洲燕鸻拥有几个十分显著的特征。如插图中所见，它们的跗骨和主翼羽修长，身形优雅，头部较小，是目前发现的同属鸟类中最精致的一个物种。

我从新南威尔士的纳摩伊河流域的平原上经过时，看到了澳洲燕鸻稍纵即逝的美丽身影。那时澳洲燕鸻正在空中展翅翱翔，飞行方式迅速而持久。它们贴近地面飞行，在我刚刚判断出它们是哪一个物种时，它们就已经消失在远处的地平线上了。我拥有两个来自离上述地区不远的地方的澳洲燕鸻样本。尽管我们在澳大利亚的东部地区观察到过澳洲燕鸻，但是这一地区似乎不算是澳洲燕鸻的自然栖息地。极有可能，广阔的内陆地区才是澳洲燕鸻的自然家园。

澳洲燕鸻的主要食物是各种昆虫。它们的翅膀和腿部力量强劲，在空中和地面上都能捕食。

澳洲长脚鹬

英文名 | White-headed Stilt　　拉丁文名 | Himantopus leucocephalus

澳洲长脚鹬

涉禽 / 鸻形目 / 反嘴鹬科 / 长脚鹬属

澳洲长脚鹬的腿部极长，脑袋相对较小，看起来与轻松的姿态和优雅的举止完全不相关。但是事实却不是这样，我从来没见过比澳洲长脚鹬动作更加优雅、外形更加精致的鸟儿。12月的一天，我在一个河岸上看到了6~20只澳洲长脚鹬。它们在河岸边和过膝深的溪流浅滩上奔跑，加之奇异的外形，看上去是一幅十分美丽的景象。这一段水域是这条河流上最美丽的地方，也是我到访过的新南威尔士地区最有趣的地点之一。因此我在那岸边扎下营房，逗留了一段时间，很轻松地就收获了足够多的澳洲长脚鹬样本。当猎枪鸣响时，它们仅沿河流飞了一小段路程，便在不远处停下来，或是在营地前不停地飞来飞去。澳洲长脚鹬的鸟群中既有雄鸟也有雌鸟，它们的羽毛都非常精致。我在解剖了许多样本之后发现，身材大一些的鸟儿是雄鸟。

在这样的地方，澳洲长脚鹬完全以昆虫和有壳的蜗牛为食。它们会在溪流边或涉进水中寻找这一类食物。在奔跑的时候，它们的动作极为灵敏，同时还会做出许多优雅活泼的动作。但是它们飞行的样子沉重而笨拙，长长的腿部伸展在外面，看起来十分诡异。在飞行中，澳洲长脚鹬会不断发出哀怨的鸣叫，仿佛在表达某种痛苦。在地面上时，它们则完全不会这样。

关于这一物种的繁殖方式，我们目前还不了解。它们究竟是留鸟还是候鸟，我们也还没有定论。澳洲长脚鹬在澳大利亚大陆上的分布较为广泛。我自己在新南威尔士捕射过一些样本，也收到了来自南澳大利亚和西澳大利亚的澳洲长脚鹬样本。生活在珀斯附近地区的澳洲长脚鹬以淡水虾类和水生昆虫为食。

红颈反嘴鹬

英文名 Red-necked Avocet　拉丁文名 Recurvirostra novaehollandiae

红颈反嘴鹬

涉禽／鸻形目／反嘴鹬科／反嘴鹬属

澳大利亚西部和南部似乎是红颈反嘴鹬最集中的栖息地。我在新南威尔士地区四处寻觅的时候没有看到它们的身影，但是我在这些地区鸟类样本的收藏品中会时不时地看到红颈反嘴鹬。红颈反嘴鹬是少数几种栖息地分布在赤道两侧的鸟儿之一，它们在南北半球上都找到了适宜的栖息地。我在印度也见到过许多红颈反嘴鹬，它们的样子与澳大利亚的十分相似，我几乎无法将它们区分开。

与欧洲的鸟儿一样，澳大利亚的红颈反嘴鹬喜欢生活在湖泊较浅的地方、海边的小水湾以及河流潮湿的两岸。它们常常在过膝的水中跋涉，也可以随意地游动。

它们的食物包括微小的海洋软体动物和昆虫。红颈反嘴鹬会用它们结构极为精致的鸟喙在泥沙里翻找这类食物，而这样的鸟喙也特别适合这项工作。红颈反嘴鹬脚爪的结构也是如此。它们的脚爪呈半蹼状，相比其他的鹬类，红颈反嘴鹬能更好地在水面上行走。在西澳大利亚，这一物种最喜欢的栖息地是珀斯地区和罗特尼斯岛的河湖地区。在南澳大利亚，墨累河和亚历山大湖的岸边都是适合这一物种生存的环境。

红颈反嘴鹬的飞行方式轻松而持续。

雌雄鸟儿的羽毛相似，身形也几乎一致。

翻石鹬

英文名 | *Turnstone*　拉丁文名 | *Arenaria interpres*

翻石鹬

涉禽／鸻形目／鹬科／翻石鹬属

最普遍地栖息在海岸边的一种鸟儿就是翻石鹬，鲜有哪一片海岸上见不到这种鸟儿身影的。我在澳大利亚和欧洲的翻石鹬样本身上没有发现任何不同，美洲的这一物种也没有表现出足够明确的差异。

我在澳大利亚并没有发现这一物种的繁殖地，而且在澳大利亚大陆的南部和塔斯马尼亚岛上，人们很少能见到成年翻石鹬，而未成年的翻石鹬数量却极多。相反，大多数生活在雷恩岛和托雷斯海峡的翻石鹬都是羽翼丰满的成年翻石鹬。因此，澳大利亚北部地区极有可能是这一物种的繁殖地之一，而幼鸟每年都会向南方迁徙，分散在南澳大利亚的每一片海岸上。巴斯海峡上的岛屿、塔斯马尼亚岛以及西海岸外的豪特曼群礁都是这些鸟儿的栖息地。

澳大利亚的翻石鹬在生活习性、特点和身体结构方面都与欧洲的翻石鹬没有什么不同。它们也同样以海洋昆虫和小双壳贝类以及甲壳类为食。它们会用鸟喙在沙石间翻找这样的食物。因此这一物种才得名翻石鹬。

成熟的雌雄鸟儿羽毛十分相似，但是雌鸟的颜色没有雄鸟那么明亮；幼鸟即使身形几乎长至成年鸟儿大小时，颜色也很不相同。

蓑颈白鹮

英文名 *Straw-necked Ibis*　拉丁文名 *Threskiornis spinicollis*

蓑颈白鹮

涉禽／鹈形目／鹮科／白鹮属

目前人们还没有在澳大利亚以外的地区发现这种美丽的白鹮，而在澳大利亚，蓑颈白鹮的分布十分广泛，这一物种在不同的季节里集中出现在不同的地区。而事实上，哪里生活着它们赖以为食的动物，它们就会出现在哪里。1839年的大旱之后，大群蓑颈白鹮出现在利物浦平原和下纳摩伊河地区。它们的数量如此巨大，要数清任何一个鸟群中鸟儿的数量几乎都不可能。在利物浦山脉的海洋一侧，这一物种的数量也极为丰富。它们栖息在开阔的草地和浅滩上，在一些水湾的平原上，蓑颈白鹮最为常见。它们会在过膝的水潭中寻找贝类、青蛙、蝾螈和昆虫；除了这些食物以外，蓑颈白鹮还会吃一些蝗虫和昆虫。当地人告诉我，有时连续几个季节都看不到这一物种。

蓑颈白鹮在地面上行走的样子十分高贵；它们能够很好地栖坐在树上。飞行的方式奇异而壮观。当大群蓑颈白鹮飞过平原上空时，交替出现的大片白色胸脯、深色的背部以及雪白的尾羽是十分壮丽的景象。在平原上沿着巨大的半圆形路线滑翔时，以及在远途迁徙时，蓑颈白鹮总是会飞得很高；这时候整个鸟群会排列出野鹅和野鸭常会排出的队列。

蓑颈白鹮的鸣声大而嘶哑，声音可以传播很远。鸟群在进食时排列得很紧凑，鸟喙和尾羽不停地点动，因此整个鸟喙看起来也一直在运动。蓑颈白鹮是一种十分胆小的鸟儿，但是只要仔细，猎人们还是能够成功地用普通猎枪捕获许多这样的鸟儿。

成熟的雌雄鸟儿，羽毛有同样美丽的金属光泽。雌鸟身形略小，颈部的稻草状羽毛短而细。成年鸟儿整个头部和颈背部几乎缺失羽毛。

澳洲鹤

英文名 *Australian Crane*   拉丁文名 *Grus rubicunda*

澳洲鹤

涉禽／鹤形目／鹤科／鹤属

在南部的新南威尔士和北部的埃辛顿港之间的大部分澳大利亚地区，都栖息着大量的澳洲鹤。在这些地区，几乎在每一个季节，人们都能看到这种鸟儿。它们有时孤零零，有时成对，有时30～40只一群，一起觅食生活。

和其他的鹤科鸟类一样，澳洲鹤的动作优雅迷人；不管在哪里出现，它们都是一道亮丽的风景。澳洲鹤常常会被捕获，圈养的澳洲鹤很容易被驯化。詹姆斯·麦克阿瑟先生曾向我讲述了这样一个故事。他在位于卡姆登的家中喂养了两只澳洲鹤。这两只澳洲鹤变得十分驯服。后来这两只鸟儿吸引来了一对野生澳洲鹤。不幸的是，一个仆人粗鲁地抓住其中一只鸟儿的脖子，从它背上揪下大把羽毛。这只鸟儿野蛮的天性被激发了出来，它像利箭一样冲向空中，它的伙伴紧随其后。它们不断地盘旋上升，同时发出十分嘶哑的鸣叫。地面上驯化的澳洲鹤也应声附和了起来。连续几天，它们都会到这里，不断在空中盘旋，却不落下来。驯化的澳洲鹤终于也展开翅膀飞了上去，四只鸟儿一起飞向了遥远的地方，再也没有回过这个它们寄居多日的院子。

澳洲鹤的飞行能力高超，它们可以从这个国家的一边飞到另一边。一到了地面上，澳洲鹤的动作就显得非常笨拙。但是在我们肉眼无法看到的高空中盘旋时，它们的动作轻松而优雅。在做出这样的动作时，它们会不断嘶哑地高声鸣叫。

澳洲鹤在地面上繁殖育雏，雌鸟会在裸露土地上的浅坑中产下2枚卵；但是有时它们也会在岸边低洼的沼泽地上产卵。鸟卵为奶白色，其上有栗色和紫棕色的斑块，鸟卵大的一端尤其如此。

它们的食物包括昆虫、蜥蜴；还有植物的球茎。澳洲鹤会用强壮的鸟喙十分敏捷地在土壤中翻找这些食物。

雌雄鸟儿羽毛颜色相似，但是雌鸟的身形更小。这一精致的鸟儿站立时高度有1.2米。

黄嘴琵鹭

英文名 *Yellow-legged Spoonbill*　拉丁文名 *Platalea flavipes*

黄嘴琵鹭

涉禽／鹈形目／鹮科／琵鹭属

黄嘴琵鹭与典型的琵鹭属鸟儿有许多不同之处，而与印度和非洲的白鹮在许多方面很相似。因此，它们几乎可以被划分为一个独立的属。但是在整体生活习性和结构方面，黄嘴琵鹭与其他真正的琵鹭属鸟类还要更加相近，因此我才将它们保留在了琵鹭属里。尽管黄嘴琵鹭的鸟喙和腿与白鹮的相似，但是与两者羽毛上的差异相比，黄嘴琵鹭鸟喙和腿的改变显得更多一些。显然，我们不能否认，它们胸部那细长的羽毛、优雅垂于主翼羽末端的黑色羽毛以及完全缺失的枕骨羽毛，都与埃及圣鹮及其同类十分相似。

1839年新南威尔士大旱之后的雨季滋养了许多动植物，也吸引了许多珍稀的物种前来，其中就包括大量的黄嘴琵鹭。事实上，它们的数量十分巨大，在猎人河和下纳摩伊河上的任何一处水湾和浅湖上，我们都能看到许多这样的鸟儿。有时陪伴着它们的还有蓑颈白鹮和白鹮。这些鸟儿分享着相似的食物，也同样敏捷地消灭掉了成千上万的水生昆虫和伴随着雨水生长起的小贝类。

我之所以提起这一段时间出现在新南威尔士的这些鸟儿，是因为在这一地区因为干旱而呈现出寸草不生的荒原景象时，我没能观察到一只黄嘴琵鹭。我也不清楚这一物种在澳大利亚的分布是怎样的。不过到目前为止，我并没有收到来自新南威尔士以外的其他地区的样本。

在性情方面，黄嘴琵鹭胆小且多疑，要走到离它们很近的地方开枪射击总是不容易。我有时也会遇到孤零零的黄嘴琵鹭，但是在大多数时候，成对或6~8只黄嘴琵鹭会在一起觅食生活。它们会沿着水边或在过膝的草丛中觅食；进食过后，它们就会在水边高大树木枯死的枝干上休息。它们常常会单脚站立，头部后缩，鸟喙放在胸脯上。这时候，猎人想要走到足够近的地方将它们捕射，几乎是不可能的。

雌雄鸟儿的羽毛颜色没有差异。

白颈鹭

英文名 *Pacific Heron*   拉丁文名 *Ardea pacifica*

白颈鹭

涉禽／鹈形目／鹭科／鹭属

白颈鹭似乎是澳大利亚整个南部海岸上的夏季候鸟。在新南威尔士地区，它们的到来在很大程度上取决于季节和气候。如果当季雨水很充足，水湾和河流中的水都满溢出来，青蛙、蝾螈和水生昆虫大量繁殖，在很多地区我们会轻易看到它们的身影。白颈鹭在水中跋涉着寻找这些动物，找到后就大口吞掉。它们吃掉的鱼类比其他鹭少许多。白颈鹭是最美丽的一种鹭科鸟类，白色的颈项与周围绿色的植物形成了鲜明的对比；它们行走的姿势也比同科的其他物种更加优雅庄重。

白颈鹭几乎从不会从一个地区飞到另一个地区去寻找更丰富的食物。不过在必要的时候，它们也会远距离迁徙。

白颈鹭的胃容积大，而且呈膜状。

这一物种的羽毛颜色差异较大，一些鸟儿的颈部完全为白色，而另一些鸟儿的颈部中央有黑色的斑点。

完全成熟的雌雄鸟儿十分相似，只是雌鸟的身形略小。

棕夜鹭

英文名 *Nankeen Night Heron*　　拉丁文名 *Nycticorax caledonicus*

棕夜鹭

涉禽 / 鹈形目 / 鹭科 / 夜鹭属

这一美丽的物种十分普遍地分布在澳大利亚大陆上,但是栖息在西海岸上的棕夜鹭远没有东海岸上多。在澳大利亚的南部地区,棕夜鹭只是一种夏候鸟。它们在8—9月来到新南威尔士和南澳大利亚地区,又在次年2月离开。棕夜鹭通常在夜间活动,因此白天的时候人们很少能在它们常常到访的沼泽、海湾和草木茂盛的河岸边见到它们。在清晨时分,棕夜鹭退回到森林中,在最繁茂的枝条间栖坐下来,躲避灼热的阳光,睡上一整天。这时猎人们一旦发现了它们的所在,就很容易捕获它们。除非被猎枪击中或者被用其他的方式驱赶,这些鸟儿几乎不会起飞。即使受惊后起飞,它们也会很快在不远的地方重新栖坐下来。飞行时,棕夜鹭会不断地振翅,飞行速度极慢,脑袋缩在肩膀中间,双腿向后伸展,与白鹭的飞行方式十分相似。栖坐在树上或在地面上休息时,棕夜鹭的姿态就不像其他的鸟儿那么优雅了。它们短小的脖子缩在肩膀上,就像插图里背景中的鸟儿一样。觅食的时候,棕夜鹭会表现得极为活跃和好奇。它们会以同样的贪婪方式吞掉鱼类、蜥蜴、蟹类、水蛭和昆虫。这些猎物都得是较为敏捷的捕食者才能捕获。

棕夜鹭在11月份和12月份繁殖。在它们的繁殖地上通常还生活着一些白鹭。它们最喜欢的繁殖地是沼泽地区,因为那里有丰富的食物。高大树木的树枝、岩石壁架和洞穴都是它们的筑巢地。棕夜鹭的鸟巢巨大且扁平,通常是一个用弯曲的树枝稀疏地编织起来的简单结构体。鸟卵通常有3枚,为暗淡的绿色。

雌雄鸟儿的羽毛颜色差异不大,除非解剖,我们很难将它们区分开。雌雄鸟儿都有3支美丽细长的枕骨羽毛。这些羽毛除了装饰之外还有什么作用,我还不知道。相反,幼鸟与成年鸟儿的差异巨大,甚至完全像是另一个物种。

插图中为成年鸟儿和幼鸟。

褐麻鴉

英文名 | Australian Bittern　拉丁文名 | Botaurus poiciloptilus

褐麻鳽

涉禽／鹈形目／鹭科／麻鳽属

　　尽管无论生活在哪一地区的褐麻鳽数量都不算十分丰富，但褐麻鳽较为普遍分布的，还是沼泽和莎草茂密的河流地区。在类似的各地区，我们经常会看到这种鸟儿。褐麻鳽常常会来到塔斯马尼亚岛上的这些地区，因此该岛屿上的褐麻鳽数量要相对多一些。我在阿德莱德逗留期间，达克先生在托伦斯河地区捕获了一只精美的褐麻鳽送给我。1839年7月1日，我也捕射了一只这样的鸟儿。后来在去往墨累河的途中，我又在伊拉瓦拉和塔斯马尼亚岛捕获了另一些样本。斯特尔特先生说，在内陆的沼泽地上和麦奎利河地区栖息着许多褐麻鳽，吉尔伯特先生也在西澳大利亚捕获了褐麻鳽样本。

　　褐麻鳽在行为动作、生活习性、特点和飞行方式上与欧洲的大麻鳽十分相似。与后者一样，褐麻鳽也以鱼类、青蛙、蝾螈等水生动物以及昆虫为食。它们的胃容积极大，呈膜状。

　　雌雄鸟儿羽毛相似，雌鸟的身形略小。

　　褐麻鳽头部和颈背部为紫棕色；背部和肩胛部位为深紫棕色；翅膀为浅黄色，有醒目的大块棕色斑纹；耳部覆羽为黄褐色；喉部和整个下体表为深黄褐色，中央有不规则的深棕色斑纹，整体看上去十分斑驳；喉下部普遍为棕色；一些样本的鸟喙为黄橄榄色，另一些则为绿角质色；眼周部分和腿为美丽的浅绿色；一些鸟儿的虹膜为黄色，另一些则为浅紫红色。

澳洲紫水鸡

英文名 | *Australasian swamphen*　拉丁文名 | *Porphyrio melanotus*

澳洲紫水鸡

涉禽／鹤形目／秧鸡科／紫水鸡属

紫水鸡普遍分布在塔斯马尼亚岛和澳大利亚大陆的大部分地区，生活在各种与它们习性相适的地方，比如沼泽地、生长着莎草和灯芯草的水湾以及河流两岸。在比较塔斯马尼亚岛、南澳大利亚和埃辛顿港的紫水鸡时，我发现这些鸟儿的身形大小不一。我认为这样的不同是地理环境和植被的差异造成的。

在清晨和日暮时分，紫水鸡会在地面上寻找食物。蜗牛、昆虫、谷物和各种蔬菜是它们的主要食物。紫水鸡奔跑起来十分敏捷，在敌人靠近的时候，它们从不会放弃使用这种本领。它们会以惊人的速度跑进茂密的树丛中，就像欧洲的黑水鸡一样。另外，它们的飞行习惯也与后者相似，只有在最窘迫的时候才会选择飞行。在新南威尔士，紫水鸡也栖息在相似的地区，伊拉瓦拉水边繁茂的植被为它们提供了安全的庇护所。

紫水鸡很容易被驯化，到最后，它们甚至可以在花园和开放的篱笆院子里游荡，而不逃走。我的朋友、悉尼的乔治·贝尼特先生告诉我，他曾在禽舍中看到过一只驯化的紫水鸡。这只鸟儿习惯在棚屋的屋顶上过夜，也十分喜欢栖坐在鹦鹉笼中。他还提到，这只鸟儿会用脚掌抓住玉米或者它要吃的任何食物，直到将食物吞下去才松开。他观察了一段时间，从没发现这只鸟儿用其他的方法进食。这只紫水鸡的主人也告诉他，它总是这样进食。

吉尔伯特先生在埃辛顿港史密斯角附近的咸水湖上发现了许多紫水鸡，那里生长着一些茂密的红树丛。他认为这是紫水鸡在科堡半岛上的唯一栖息地。而且若不是他捕射了一只紫水鸡样本，当地居民认为他们已经搜索过整个半岛，根本不相信那里生活着这一物种。他还说，这一物种似乎仅生活在红树丛中，栖坐在最高的枝条上。受惊时会立即飞到树冠上，并接着飞到几百米以外。

雌雄鸟儿的羽毛没有差异，但是雌鸟的身形略小。

绿水鸡

英文名 | *Mortier's Tribonyx*　拉丁文名 | *Tribonyx mortierii*

绿水鸡

涉禽／鹤形目／秧鸡科／黑水鸡属

数量丰富的绿水鸡分布在塔斯马尼亚岛上。绿水鸡十分胆小谨慎，常常栖息在低洼的沼泽地和各种人类无法深入的地区，因此普通观察者很难看到它们的身影。沼泽地、长满茂密莎草的河岸和池塘边是它们最喜欢的栖息地。我住在新诺福克时，每天都能看到它们。它们常常离开莎草丛，走到路上和花园中的其他地方，尾羽竖起，就像母鸡一样。但即使在这时，一有风吹草动，它们还是会立即消失在附近的草丛树丛中，直到它们认为危险过去，才会再次走出来。

绿水鸡的胸肌十分不发达，因此它们几乎从不飞行。相反，它们的腿和大腿十分粗壮，因此奔跑能力极强。绿水鸡的生活习性和总体特征与欧洲的黑水鸡十分相似，但是绿水鸡并不像黑水鸡那样经常潜水和划水。

雄鸟有1.35千克重；我解剖的绿水鸡有极厚且肌肉发达的胃，胃中常有水生植物和昆虫、沙粒等。

绿水鸡的鸟巢和黑水鸡的鸟巢十分相似，都是在溪流边的土地上用一捆灯芯草堆建起来的。鸟卵也与黑水鸡的鸟卵相似，有7枚，为石青色，卵壳上有均匀的不规则形状和大大小小的深栗棕色斑点与斑块。

雌雄鸟儿的外形相似，但是雌鸟的身形略小，颜色更加暗淡。

黑尾水鸡

英文名 | Black-tailed Nativehen   拉丁文名 | Tribonyx ventralis

黑尾水鸡

涉禽／鹤形目／秧鸡科／黑水鸡属

自从开始研究澳大利亚的鸟类，我就陆陆续续收到了来自南纬25°以南每个地区的黑尾水鸡样本，但是还没有见过来自塔斯马尼亚岛的样本。这一地区多半因为太冷而不适合这一物种生存。

黑尾水鸡的迁徙活动十分不规律，大群黑尾水鸡常常会突然出现在它们从未到访过的地区，接着又突然消失在某个遥远未知的地方。

西澳大利亚州长约翰·赫特先生告诉我，大群黑尾水鸡会突然间出现在珀斯地区。他接着问我："这是不是能证明内陆存在绿洲的一个证据？ 1833年5月，数量惊人的黑尾水鸡入侵了移居者的粮田和花园。在此之前，人们从未见过它们，之后，它们也再没有在这里出现。"

吉尔伯特先生说："一次，无数黑尾水鸡到访天鹅河，它们在一夜之间踩踏摧毁了所有玉米田。当地人以前没有见过它们，因此把它们的出现与移居者联系在一起。在此之后很长的一段时间里，当地人都把它们叫作'白人的鸟儿'。丰收之后，这些黑尾水鸡忽然间几乎同时消失了。"

我在去新南威尔士的途中常常看到这种鸟儿；1839年12月，在摩凯河河岸上栖息着相当多的黑尾水鸡，不过数量上又不足以惹人关注。它们在河岸上像普通家禽一样竖立着尾羽踱步前进，我被这种怪诞的样子惊呆了。尽管河岸边的植被寥寥可数，平原上也看不见一片青草，在遇到危险时它们还是能迅速地奔跑，藏进高大树木的树根下或者河岸边，躲避敌人的追逐。

黑尾水鸡在11月份繁殖；鸟巢是用柔软的青草和灯芯草堆起的，建在河堤边高高的灯芯草丛中。鸟卵有7枚，为奶白色，表面有稀疏的不规则栗红色斑点。

黑尾水鸡的胃十分厚实坚韧；它们的食物包括谷物、种子和其他植物组织，以及贝类和昆虫等。

卢氏秧鸡

英文名 | Lewin's Rail   拉丁文名 | Lewinia pectoralis

卢氏秧鸡

涉禽／鹤形目／秧鸡科／卢氏秧鸡属

卢氏秧鸡是新南威尔士地区的一种夏候鸟。在南澳大利亚和西澳大利亚还栖息着一种身形更小、鸟喙更细长的秧鸡，它们或许是卢氏秧鸡的变种。如此一来，该物种的栖息地就包括大陆的整个南部地区了。8月份卢氏秧鸡来到新南威尔士，在次年2月份离开。

在生活习性、行为动作和整体结构方面，卢氏秧鸡与欧洲的长脚秧鸡十分相似。山岭间草木茂盛的低沼地和植被密集的潮湿地带是它们最喜欢的栖息地。它们也同样习惯将自己暴露在开阔的视野中，并且以同样的、在高高草丛中灵活逃窜的方式躲避追逐。在不得不离开它们的栖息地时，这些鸟儿的飞行高度极低，路线平直，振翅的动作也与长脚秧鸡相似。

卢氏秧鸡将鸟卵产在地面上，有4~6枚。卵壳为奶白色，大的一端有无数大而不规则的深栗红色斑点，其他部分有一些小斑点。它们在9月份、10月份和11月份繁殖。

卢氏秧鸡的胃肌肉发达，我们在解剖的胃中通常能发现一些青草、种子和沙子。卢氏秧鸡的肉是餐桌上的美味之一，捕猎这种鸟儿本身也为猎人们带来了极大的乐趣。

雌雄鸟儿的羽毛颜色和斑纹十分相似，幼鸟很早就长出成熟的羽翼。

栗腹秧鸡

英文名 Chestnut-bellied Rail   拉丁文名 Eulabeornis castaneoventris

栗腹秧鸡

涉禽／鹤形目／秧鸡科／栗腹秧鸡属

这种大而精致的秧鸡，到目前为止，我仅仅观察到过一只。栗腹秧鸡栖息在低洼泥泞的海岸边和澳大利亚北部海岸的红树沼泽中。我拥有的这一栗腹秧鸡样本，是在卡奔塔利亚海湾捕射的。一段时间以前，我收到了来自埃辛顿港的栗腹秧鸡鸟卵，但是这一物种十分胆小，因此从未被我捕获。事实上，栗腹秧鸡极为机警，我们要在茂密的植被和红树林中捕捉到它们的身影并不容易。它们奔跑的速度极快，而且栖息地上稍有风吹草动，它们就会警惕起来。

鸟卵形状十分细长，为暗淡的粉白色，表面有稀疏的红栗色斑点。

头部和颈部为灰色；整个上体表、翅膀和尾羽为橄榄色；胸脯部位和整个下体表为灰栗色；鸟喙基部为黄色，端部为角质色；腿和脚爪为棕色。

雌、雄鸟儿无疑具备相似的羽毛。

斑田鸡

英文名 | *Australian Spotted Crake*　　拉丁文名 | *Porzana fluminea*

斑田鸡

涉禽／鹤形目／秧鸡科／田鸡属

斑田鸡栖息在沼泽地、芦苇丛和植被茂密的河流两岸。因此，除非不辞辛苦麻烦地将它们从这些地方驱赶出来，平常我们很难看到斑田鸡的身影。相比欧洲的相似物种，这里的斑田鸡的特点在于胸脯部位和下体表为纯灰色，身形更小。

斑田鸡似乎仅仅栖息在澳大利亚的塔斯马尼亚岛、南澳大利亚和新南威尔士地区。我在澳大利亚逗留的时间太短，没能细致地调查这一物种的生活习性和繁殖习惯。但是鉴于它们的结构和外形特点都与欧洲的鸟儿十分相似，在其他方面这两个物种自然也应该有相似之处。

雌雄鸟儿的颜色差异极小，只有通过解剖才能辨别。

整个上体表为橄榄色，中央有一条黑棕色宽阔斑纹，每一支羽毛的每一个羽片边缘上下都有两个椭圆形的黑色斑点；主翼羽和副翼羽为棕色；尾羽为深棕色，边缘为浅棕色，最边缘有白色的斑点；脸部、喉部、胸部和腹上部为深石板灰色；腹下部和侧腹为灰黑色，有狭窄不规则的白色斑纹；下尾羽覆羽为白色；鸟喙基部为橙红色，其他部分为深橄榄绿色；脚爪为深橄榄绿色。

小田鸡澳洲亚种

英文名 | Baillon's Crake   拉丁文名 | Porzana pusilla palustris

小田鸡澳洲亚种

涉禽／鹤形目／秧鸡科／田鸡属

相比澳大利亚大陆，塔斯马尼亚岛似乎是小田鸡更集中的栖息地。我在新南威尔士地区发现了这一物种，但是那里的小田鸡数量远没有塔斯马尼亚多。或许是因为那里的河流远没有塔斯马尼亚岛的多，相对不适合小田鸡的生活习性。与斑田鸡一样，小田鸡也栖息在草木茂盛的沼泽地上。我们通常只能在植物最茂密的地方找到它们。与同属的其他物种一样，小田鸡也能十分灵敏地在水中游泳，且具备同样高超的潜水能力。在面对大自然中的天敌时，游泳和潜水的本领常常能帮助它们逃生。不仅如此，小田鸡还应该算是最敏捷的鸟类之一，它们可以灵活地踩着芦苇茎秆行走。因此，要发现小田鸡的身影，和捕猎斑田鸡一样，都需要最好的猎人花十分注意力去寻找。

我要感谢塔斯马尼亚岛的尤因先生，是他发现的小田鸡鸟卵和鸟巢。小田鸡的鸟巢是一个用各种野草编织起来的扁平结构体。鸟卵则有4～5枚，几乎为均匀的棕橄榄色。

这里的小田鸡，头部和颈背部为锈棕色，每支羽毛中央有一条黑棕色斑纹；背部、肩胛部位和副翼羽的羽毛为棕黑色，边缘为锈棕色，有一条椭圆形白色斑纹，斑纹中间为黑色；翅膀覆羽为锈棕色，少数内羽片像肩胛部位一样有斑纹；主翼羽为棕色，两三支最内侧羽毛端部有一个或几个白色斑纹；尾羽为深棕色，边缘为锈棕色；脸部、喉部、胸部和上腹部为灰色；下腹部和侧腹为黑灰色，有宽阔的不规则灰色斑纹；鸟喙和脚爪为橄榄棕色。

BIRDS OF AUSTRALIA

VOLUME VII

NATATORES

卷 七

游 禽

澳洲灰雁

英文名 | Cereopsis Goose　　拉丁文名 | Cereopsis novaehollandiae

澳洲灰雁

游禽／雁形目／鸭科／蜡嘴雁属

　　早期到澳大利亚旅行的人们尤其关注的一个物种，就是澳洲灰雁。几乎每一个旅行的人都提到，许多澳洲灰雁栖息在巴斯海峡的所有岛屿上，而且这一物种性情温和驯服，轻易便可以用树枝敲昏或者徒手抓住它们。在这一国家逗留期间，我到访了所有这些地方，发现这一物种的数量不仅不多，而且几近灭绝。只有少数鸟儿仍然生活在巴斯海峡中较小的岛屿上。我在伊莎贝拉岛上捕射了一对澳洲灰雁，又在弗林德斯岛附近捕获了一小群灰雁中的一只。我相信，在澳大利亚南海岸上某个人迹罕至的地方仍然栖息着许多这样的鸟儿，但是在受到人类打扰的地方，这一物种已经十分罕见了。澳洲灰雁在草丛中度过大部分的时间，几乎不会下水。它们几乎完全以植物性的食物为食，主要食用海岸边的青草。因此，澳洲灰雁的肉质鲜美，所有尝过的人都愿意为这种珍馐美言一番。澳洲灰雁可以很好地适应圈养的生活，但是农场却从不欢迎这一物种的到来。因为它们十分好斗，不仅会驱赶其他的鸟儿，甚至还会主动攻击猪、狗以及任何试图靠近的动物。它们厚实尖锐的鸟喙常常会给这些动物造成严重的伤害。

　　它们的叫声是一种深沉、短促、沙哑且叮叮当当十分刺耳的声音。澳洲灰雁在圈养时会自行繁殖。鸟卵为奶白色。

　　雌、雄鸟儿的羽毛十分相似。

　　澳洲灰雁头冠部为浅白色，其他羽毛为棕灰色；翅膀覆羽和肩胛部位羽毛端部有一个棕黑色斑点；背部羽毛边缘为浅棕灰色；主翼羽靠近端部的一半、副翼羽端部、尾羽和下尾羽覆羽为黑棕色；鸟喙为黑色；蜡膜为柠檬黄色；虹膜为朱砂红色；睫部为深棕色；腿为红橙色；脚趾、脚蹼、脚爪和腿前部的斑纹为黑色。

鹊雁

英文名 | *Semipalmated Goose*　　拉丁文名 | *Anseranas semipalmata*

鹊雁

游禽／雁形目／鹊雁科／鹊雁属

移民者刚刚在新南威尔士地区定居时，霍克斯堡河上的这一精致物种数量十分丰富。然而如今，我们在这条河上甚至整个新南威尔士地区都见不到这一物种的身影了。这无疑再次证明了：人类文明的推进总是导致自然造物的逐渐毁灭。然而在移民者尚未定居的菲利普港，这一物种仍然十分丰富。我们不断向北方前进，会看到越来越多这种鸟儿。最后，当我们来到注入托雷斯海峡的河流和水湾面前时，不计其数的鹊雁群就出现在了我们面前。在这一地区，鹊雁鸟群数不胜数，规模极大，因此成了土著人的主要食物。莱卡特博士和他的伙伴们从摩顿湾去埃辛顿港探险时观察到了这一物种，并对它们作了许多有趣的描写。那里的鹊雁如此之多，当地人用矛枪就能捕杀许多鸟儿。莱卡特博士说："当地人似乎只猎杀飞行中的鹊雁，而且在看到雁群靠近时便开始倒数计时。然而鹊雁也十分了解它们的敌人。一旦它们发现了地面上的人站起身，准备好了矛枪，就会立即朝另一个方向飞去。我的一些同伴肯定地说，他们见到一些当地人击中了200米外的鸟儿。这真令人惊诧。"

我们知道，许多游禽的气管构造都极为非凡，而鹊雁的这一器官是最为奇特的。北部地区的鹊雁样本比南方海岸上的鸟儿略小，鸟喙上有一个突起。

鹊雁的头部、颈部、翅膀、背部中央、尾羽和大腿部位为明亮的绿黑色，其他羽毛为白色；虹膜为黑棕色；鸟喙为红棕色；脚爪为黄色。

绿棉凫

英文名 | Green Pygmy-goose   拉丁文名 | Nettapus pulchellus

绿棉凫

游禽／雁形目／鸭科／棉凫属

尽管绿棉凫头部和鸟喙的形状，尤其是突起的上颌都与雁属鸟类十分相似，但是它们较大的蹼脚却显示出它们具有完全不同的生活习性。绿棉凫是一种严格意义上的水栖鸟类。吉尔伯特先生在埃辛顿港捕射了两只绿棉凫样本。1月16日，他第一次看到这一对美丽的鸟儿在一处僻静的湖面上游动，湖的四周都是高高的青草。他只一次便将这两只鸟儿成功捕射。他后来又说，这一物种在该半岛地区十分罕见。在捕获这两只鸟儿之前，他仅仅捕获过一只绿棉凫样本。绿棉凫生性十分胆小，四周环境稍有风吹草动，它们就会潜入水中，长时间不出来。吉尔伯特先生在解剖其中的雌鸟时，在它的卵巢中发现了一枚几乎成熟的卵。于是他决定去寻找绿棉凫的鸟巢。最后，他在距离水面30厘米高的青草上发现了它们的鸟巢。这个鸟巢的底部坐于水面之上，它是用长长的干草编织成的浅盘状的简单结构体。巢穴中并没有任何形式的内衬。但是后来，当地人给他送去另一个绿棉凫的鸟巢，这个鸟巢中不仅衬有羽毛，还有6枚白色的卵。

收到吉尔伯特先生的样本以后，慷慨的比诺埃先生又送来一只绿棉凫样本。我仅仅获得了4只绿棉凫样本，除此以外，我对这一物种并没有更多的了解。

黑天鹅

英文名 *Black Swan* 拉丁文名 *Cygnus atratus*

黑天鹅

游禽 / 雁形目 / 鸭科 / 天鹅属

黑天鹅是澳大利亚的独有物种。在这片广袤大陆的南部、巴斯海峡中的岛屿以及南部的塔斯马尼亚岛上,都栖息着许多这种珍贵的鸟儿。河流、海湾、咸水湖以及大大小小的水塘,都是它们常常会到访的地方。这一物种的数量如此之多,几百只黑天鹅组成的鸟群常常出现在海湾和大片水域。它们丝毫不畏惧狂风和闯入的土著人,但是自从白人登陆以后,凡是他们出现的地方,黑天鹅的数量都少了很多,甚至几乎绝迹了。它们显然认为白人是危险的。塔斯马尼亚岛上的一些较大河流是最典型的例证。比如德文特河,现在在那里已经很难看到这一物种的身影了。但是在许多文明人还未曾驻足的地方,仍然栖息着和从前一样多的黑天鹅。只要文明人的脚步不再靠近,这个乐园还会是它们的。

黑天鹅外形优雅美丽,性情也温和,很容易被驯化,因此欧洲的大型鸟舍中纷纷出现了它们的身影。黑天鹅飞翔时,青草掩映,白翅黑羽翩然其中,总是一幅迷人的景象。

这一物种的繁殖期从10月开始,到次年1月中旬结束。12月31日,我捕获了灰白色的幼鸟,1月13日又在巴斯海峡收获了一些它们新产下的鸟卵。黑天鹅的鸟巢很大,是用菖蒲和其他的植物营建而成。这些鸟巢常常被建在孤岛上。鸟卵有5～8枚,为浅绿色,卵壳上有均匀的浅黄棕色斑块。

黑天鹅整体羽毛为棕黑色,下体表颜色更浅;背部羽毛的端部为灰棕色;主翼羽和副翼羽为纯白色;鸟喙为美丽的粉红色,端部附近有一条宽阔的白色斑纹;上下颌端部也为白色;虹膜为猩红色;睫部和眼端为粉红色;脚爪为黑色。

太平洋黑鸭

英文名 Australian Black Duck   拉丁文名 Anas superciliosa

太平洋黑鸭

游禽 / 雁形目 / 鸭科 / 鸭属

太平洋黑鸭的栖息地分布极为广阔,澳大利亚大陆的整个南部地区、塔斯马尼亚岛以及巴斯海峡中的岛屿都同样受到这一物种的青睐。而且来自这些地区的太平洋黑鸭样本差异极为微小。

太平洋黑鸭的肉质鲜美,是受欢迎的美味。它们的羽毛不会经历定期的换羽过程,因而太平洋黑鸭终年都是一副暗淡肃穆的模样。雌雄鸟儿的羽毛颜色也不具备任何可辨别的差异。海湾、长满莎草的河岸边、湖泊和水塘都是它们常常到访的地方。我常常会在各种各样的环境中看到太平洋黑鸭。它们有时结群,有时独居或成双成对,常常还会与其他物种一起觅食生活。众多这样的鸟儿生活在新南威尔士和塔斯马尼亚岛的河流上。在人迹罕至的地方,它们会表现得十分温和;反之,则十分机警。在塔斯马尼亚岛和澳大利亚大陆上的一些河流上,这些黑鸭表现得十分温和;而在另一些人口密集的河流地区,这一物种则变得机警多疑。在所有这些地方,太平洋黑鸭都是留鸟,如有例外,也仅仅是短途迁徙。它们对筑巢地的选择取决于栖息地的环境。有时它们将鸟卵产在高高的青草和莎草丛中,但常常也在树洞中产卵。我拥有一个其中有9枚鸟卵的精致鸟巢。这个鸟巢是9月从西澳大利亚摩尔河河边树木的树洞中取出来的。这些鸟卵为深奶白色。

太平洋黑鸭的头部为深棕色;眼睛上部的一条细纹、从鸟喙至眼睛下部的一条宽纹以及喉部为浅黄色;颈部两侧有浅黄色和深棕色斑纹;整个上体表、翅膀和尾羽为深棕色,羽毛狭窄的边缘为浅黄棕色;大翅膀覆羽端部为天鹅绒般的黑色;翼斑为明亮的深黑绿色,后部为天鹅绒般的黑色;下体表为棕色,每支羽毛边缘为浅棕白色;鸟喙为浅蓝铅色;虹膜为明亮的淡褐色;腿为黄棕色,脚蹼颜色更深。

黑顶琵嘴鸭

英文名 Australasian Shoveler　拉丁文名 Anas rhynchotis

黑顶琵嘴鸭

游禽／雁形目／鸭科／鸭属

据目前所知，这一物种的栖息地仅分布于澳大利亚的南部地区，但是栖息在塔斯马尼亚岛和巴斯海峡中的岛屿上的黑顶琵嘴鸭数量更为丰富。新南威尔士、南澳大利亚和天鹅河都在这一物种的栖息地范围内。西澳大利亚的这一物种数量最为稀少。海岸边和内陆中的淡水河流、小溪、沼泽地、湖泊和池塘，都是它们常常到访的地方。我常常看到黑顶琵嘴鸭与其他常见的鸭科鸟类结成大群一起生活。它们以水生植物、贝类和水生昆虫为食。黑顶琵嘴鸭的肉质与太平洋黑鸭不相上下，因此常常被定居者猎杀食用。与大部分鸭科鸟类一样，黑顶琵嘴鸭会经历季节性的换羽。春季的婚羽最为精致，插图中的雄鸭就是如此。在一年中的其他时候，雄鸭与雌鸭的羽毛十分相似，几乎难以区分。

雄鸟的头冠部和鸟喙基部周围的部位为棕黑色；从面部两侧至鸟喙和眼睛中间的部分，各有一条宽阔的白色新月形斑纹，后部有黑色的斑点；头部和颈部为灰色，有绿色的光泽；整个下体表为极深的栗棕色，每支羽毛端部有一个宽阔的新月形黑色斑纹，胸脯部位的斑纹最为醒目；侧腹为深栗色，每支羽毛上有几条宽阔的新月形黑色横纹；背部为棕黑色，上部羽毛边缘为灰棕色；翅膀小覆羽和肩胛部位外羽片为蓝灰色，后者内羽片为黑色，羽轴上及附近有一条清晰的白色斑纹；翅膀大覆羽为黑色，大块端部为白色；副翼羽外羽片为极深的亮绿色；主翼羽为极深的棕色，羽轴颜色更浅；翅膀下表面为白色；尾部两侧各有一个白色斑块及黑色斑点；下尾羽覆羽为黑色，有亮绿色着色；尾羽为深棕色；虹膜为明黄色；鸟喙为深紫黑色，下颌有黄色着色；腿和脚爪为黄色。

雌鸟头部和颈部为浅黄色，有深棕色斑纹，头冠部和颈后部为深棕色；上体表为深棕色，每支羽毛边缘为白棕色；翅膀与雄鸟相似，但是颜色和斑纹更暗淡模糊。整个下体表为斑驳的棕色和浅黄色。

红耳鸭

英文名 | Pink-eared Duck   拉丁文名 | Malacorhynchus membranaceus

红耳鸭

游禽／雁形目／鸭科／红耳鸭属

红耳鸭在澳大利亚的哪一个地区都算不上常见，但是在该大陆的南部地区，它们的分布还是十分普遍的。红耳鸭还常常到访塔斯马尼亚岛，然而它们出现的时间十分没有规律，至于停留的时间长度则要看天气状况。一些浅浅的淡水湖湾是红耳鸭最喜欢的去处。新南威尔士的雨季到来时，众多浅滩和低洼地上都暂时充盈了起来，滋养了许多红耳鸭喜欢捕食的低等动物。这时候，我们就可以等待红耳鸭的到来了，且期待从不会落空。相反，在干旱季节到来时，人们就很少能见到它们的身影了。我常常见到6~20只红耳鸭结群在平静的湖面上游弋，在人类靠近的时候也不表现出丝毫的紧张和恐惧。这一点与众多其他的鸭科鸟类形成了十分有趣的对比。那悠然自得的姿态也是它们的许多兄弟姐妹所不能比的。它们的翅膀轻薄，因此在水上运动十分轻松。飞行能力也极为卓越，它们从一片天空轻盈划过的速度常常让观众们惊叹不已。

雌雄红耳鸭羽毛特征十分相似，但是雄鸭的身形相对要大一些。

红耳鸭面部两侧和颌部为白色；头冠部为灰棕色，前额颜色更浅；眼周部分和从眼睛至枕骨部位以及颈后部的一条斑纹为棕黑色；该斑纹以及眼周黑色环纹以下有一块椭圆形的玫瑰粉色斑纹；背部和翅膀为棕色，有极为细小的黑色斑点；尾部为深棕色；上尾羽覆羽为浅黄白色，横穿每支羽毛的端部是一条宽阔的深棕色斑纹；尾羽为深棕色，端部略微有白色斑迹；头部两侧和颈部、颈背部和整个下体表为棕白色，有许多深棕色斑纹，头部两侧和颈部的斑纹狭窄，颈背部、胸脯部位和侧腹的斑纹宽阔清晰，腹部中央的斑纹几乎消失；下尾羽覆羽为深黄色；虹膜为深红棕色；鸟喙颜色各异，从绿灰色到蓝橄榄色都有；下颌端部为白色；一些样本的跗骨和脚趾为宝石绿色，另一些为黄棕色；脚蹼为深棕色。

麝鸭

英文名 | *Musk Duck*　拉丁文名 | *Biziura lobata*

麝鸭

游禽／雁形目／鸭科／麝鸭属

这一非凡的鸭科鸟类普遍而广泛地分布在澳大利亚的南部地区，包括塔斯马尼亚岛和巴斯海峡中的小岛屿。它们常常到访海岸边的大小水湾、河流上游、湖泊和隐蔽的池塘。

麝鸭通常独自生活。一只孤零零的麝鸭常常独自栖息在某处静谧的池塘上，仅仅会潜入水中躲避危险和寻找食物，几乎从不起飞，过着隐士般的生活。我多次偶然遇到它们，但是怎么都没能让它们起飞。在干旱的时候，河床露了出来，上面有许多小小的水洞。在其中一个洞中，我甚至惊喜地发现了一只麝鸭。这时候它不会飞起来逃走，而是立即潜入水中并一直留在那里，隔许久才会将头钻出水面来呼吸。麝鸭的主要食物是贝类、水蛭和水生蠕虫。

在西澳大利亚，据说麝鸭会在8月份离开河流地区，来到海岸边数不尽的湖泊旁繁殖育雏。在这些地方繁殖的鸟儿不会受到水位线突然暴涨的影响。麝鸭有时将鸟巢建在低矮的小树桩上，有时则建在水平面以上61厘米的岸堤上。它们用干芦苇筑巢，内巢是这些鸟儿从自己胸脯上拔下来的羽毛和绒毛。鸟卵尺寸较大，常常有2枚，为均匀的浅橄榄色。

在水面上受到追逐时，幼鸟会爬到亲鸟的背上去，接着和亲鸟一起潜到一处安全的地方。

麝鸭在9月份和10月份求偶和繁殖。在这段时间里，它们的身体会散发出一种强烈的麝香气味。我们在离这些鸟儿很远的地方就能闻到这种气味。若是在这一段时间里将麝鸭捕射，这种气味会留在它们的皮毛中几年不散。

麝鸭的鸣声极为独特，与一大滴水跌进深井中发出的声音相似，也与我们突然张开嘴唇的声音很像。

雌雄鸟儿的身形存在极大的不同，雌鸟的身形不及雄鸟的一半大；而且只有雄鸟的喉下有垂肉。

太平洋鸥

英文名 | Pacific Gull   拉丁文名 | Larus pacificus

太平洋鸥

游禽／鸻形目／鸥科／鸥属

太平洋鸥与我所熟悉的其他物种之间主要有两点差异。第一，太平洋鸥的鸟喙粗壮；第二，它们的虹膜为珍珠白色。塔斯马尼亚岛、巴斯海峡中的所有岛屿以及澳大利亚大陆的南部地区是它们的主要栖息地。在所有这些地区的海岸上都栖息着许多这样的鸟儿。它们会出现在大河流域和海湾上，但是据我所知从不会出现在内陆地区。在飞行时它们的翅膀大幅扇动，会升到极高的空中，像鹰那样盘旋。太平洋鸥沿着海岸边寻找食物。它们的食物主要包括搁浅的腐肉和漂浮在海面上的动物组织。只要遇到活鱼、蟹类、软体动物以及小四足动物，它们都会大快朵颐。

在完全成年时，雌雄鸟儿的外形差异仅在于：雌鸟的身形更小。相反，雌鸟在前两年里羽毛颜色十分特别，与成年鸟儿差异极大。斑驳的棕色羽毛会渐渐成熟，鸟喙和眼睛也会逐渐变化。插图中的鸟儿十分形象，比任何冗长的赘述都更准确。太平洋鸥在塔斯马尼亚岛周围的大多数小岛上繁殖。鸟卵通常有3枚。这些鸟儿常常将鸟卵产在裸露的岩石壁架上，有时也会在这些小岛突起的海岸上产卵。鸟卵为清晰的橄榄色，有均匀的黑色和琥珀色斑块。

太平洋鸥的头部、颈部、背上部、整个下体表、上下尾羽覆羽皆为白色；背部和翅膀为深石板灰色，副翼羽大块的端部为白色；主翼羽为黑色，最内侧羽毛端部略呈白色；尾羽为白色，外侧羽毛的内羽片和其他羽毛的内外羽片端部附近有一条宽阔的黑色斑纹；虹膜为珍珠白色；腿为黄色；脚爪为黑色；睫部为黄色；鸟喙为橙色，端部有血红色斑迹，一些样本的鸟喙中央有一些黑色斑块。

幼鸟的整体羽毛为棕色，羽毛边缘颜色较浅，整体看上去较为斑驳；下尾羽覆羽几乎为白色；主翼羽和尾羽为黑棕色；虹膜为棕色；鸟喙为黄棕色，端部渐变为黑色。

插图中为成年和幼年太平洋鸥。

乌燕鸥

英文名 | Sooty Tern　　拉丁文名 | Onychoprion fuscatus

乌燕鸥

游禽／鸻形目／鸥科／褐背燕鸥属

　　澳大利亚的乌燕鸥与北半球的乌燕鸥在许多方面都有不同之处。栖息在这两个半球上的乌燕鸥也在两个相反的时间段里繁殖。12月份，吉尔伯特先生在澳大利亚西海岸上发现了正在繁殖育雏的乌燕鸥，而奥杜邦先生则于5月在北美洲观察到乌燕鸥正在繁殖。

　　吉尔伯特先生说，乌燕鸥"在茂密的小树丛下的地面上产下一枚卵；鸟卵的颜色差异较大。繁殖季节集中于12月份，一些鸟儿也在1月份繁殖。这一物种十分爱护自己的鸟卵和幼鸟，为了保护它们，常常会用自己做诱饵，甚至让自己成为牺牲品。幼鸟在学会飞翔后的几周里便能结群在高空中翱翔。乌燕鸥是一个十分吵闹的物种，会整夜在空中飞翔。"

　　鸟卵的底色为奶白色，有一些颜色极浅，另一些则极深，有形状不规则的栗色和深棕色斑纹。浅色的鸟卵斑纹更小、更稀疏，大的一端例外。

　　乌燕鸥的眼端、头冠部和颈背部为深黑色；整个上体表、翅膀和尾羽为深煤黑色；侧面尾羽的端部一半、羽轴以及外羽片为白色；前额的V形斑纹和翅膀的下表面以及下体表为白色，腹下部和下尾羽覆羽渐变为灰色；虹膜为深棕色；鸟喙为黑色；脚爪为棕黑色。

　　幼鸟的整体羽毛为煤棕色，背部、翅膀和上尾羽覆羽的每支羽毛端部都有一个白色斑纹。

白顶玄燕鸥

英文名 | *Noddy Tern*　　拉丁文名 | *Anous stolidus*

白顶玄燕鸥

游禽 / 鸻形目 / 鸥科 / 玄燕鸥属

如果当前这一物种与以往作者所说的白顶玄燕鸥完全是同一种鸟类，那么它们的栖息地几乎遍布所有温带和亚热带海洋地区。南北半球的白顶玄燕鸥尽管十分相似，但是在繁殖方式和繁殖时间方面还有一些差异。其中最显著的一点是鸟卵的数量和颜色不一致，北半球的白顶玄燕鸥据说会产三枚卵，而南半球的这一物种则仅产一枚卵。

我将奥杜邦对白顶玄燕鸥的有趣描写摘录在下面。吉尔伯特先生也对澳大利亚的白顶玄燕鸥做了细致的观察。我希望通过这样的对比研究能发现：尽管这些生活在赤道两侧的鸟儿在许多方面都极为相似，但它们毕竟存在着明显的差异。南北半球的白顶玄燕鸥各自在自然的宏图中履行着美丽而相似的职责。

奥杜邦先生说："白顶玄燕鸥会在灌木或矮树上用树枝和干草建起形状规则的鸟巢。它们从不会在地面上筑巢。1832年5月11日，我在它们繁殖的岛屿上惊讶地看到许多白顶玄燕鸥正在修补被冬季的狂风暴雪凌虐了一个冬天的旧巢，一些鸟儿正在修建新巢，还有一些鸟儿已经在孵卵了。在许多时候，重修的鸟巢高度能接近61厘米，但是所有的鸟巢内巢都极浅。我们一行近十人一起走过灌木丛，它们还是毫不在乎地忙碌着。当我们走进灌木丛中行进了几米时，成千上万只白顶玄燕鸥在我们头顶上方团团低飞，一些鸟儿甚至来到离我们如此近的地方，伸手就能捕捉下来。在一边，一只白顶玄燕鸥鸟喙中正衔着一根树枝或者别的什么材料去筑巢。另一边，一些鸟儿正在孵卵，完全没有意识到危险，而它们的伴侣们则正送食物来。在我们靠近时，大多数鸟儿都飞了起来。但是我们刚刚走过去，它们就又重新飞落下来。附近的小灌木都没有一人高，因此我们能很容易地看到鸟巢中的鸟卵。白顶玄燕鸥产3枚卵，卵壳为红黄色，有暗红色和浅紫色的斑点和斑块。白顶玄燕鸥的肉十分美味，在托尔图加岛逗留的时候，我们的水手每天都会捕来大桶这样的鸟儿。"

吉尔伯特先生说："白顶玄燕鸥是豪特曼群礁上数量最庞大的居民。它们在这片土地上大量地繁殖。这一物种在11月份和12月份产卵。它们用海草筑巢，鸟巢直径大约有15厘米，高度有10～20厘米，但是形状并不固定。鸟巢内几乎扁平，中央略微凹陷，其中有1枚鸟卵。这一枚鸟卵几乎完全被鸟粪覆盖，一眼看上去似乎就是一个粪球。这些鸟巢常常建在开阔的空地上，有时也建在茂盛的矮树树冠中。我从这些鸟巢中走过，伸手就可以捉到巢穴中的鸟儿。这些鸟儿却宁愿自己被捉走或踩扁，也不愿意抛弃自己的鸟卵或幼鸟飞走。这些鸟巢分布得如此密集，在其中每走一步，想不踩到鸟儿或鸟卵似乎都是不可能的。在1月中旬以前，鸟卵几乎就都要孵化了，若不是大自然巧妙地安排了一种小蜥蜴生活在它们的周围，并以它们的幼鸟为食，这一物种的数量恐怕还要多得多。"

白顶玄燕鸥鸟卵表面的斑纹差异较大：大部分鸟卵为奶白色，表面有栗红色和深棕色斑块。一些鸟卵的斑点更多更密集，还有一些鸟卵几乎为纯白色。

这一物种的飞行方式看起来很笨拙，翅膀的扇动幅度很大；同时，这一物种还能够长时间停留在水面上，在捕捉猎物时也常常能够突然地快速转向。白顶玄燕鸥柔软、茂密的羽毛十分轻盈，它们的大蹼脚也让它们拥有了卓越的游水本领。

雌雄鸟儿十分相似，只有解剖才能将两者区分开来。幼鸟很早就会长出成熟的羽翼。

白顶玄燕鸥上下体表为巧克力棕色；头冠部为浅灰色，逐渐与上体表的棕色融合；主翼羽和尾羽为棕黑色；眼角前有一个黑色的斑点；虹膜为棕色；鸟喙为黑色；脚爪为暗淡的棕红色；脚蹼为暗灰色；脚爪为黑色。

插图中为雄性和雌性白顶玄燕鸥、鸟巢和一枚鸟卵。

小玄燕鸥

英文名 | *Lesser Noddy*　　拉丁文名 | *Anous tenuirostris*

小玄燕鸥

游禽／鸻形目／鸥科／玄燕鸥属

　　大量的小玄燕鸥栖息在澳大利亚的海洋上，在豪特曼群礁中这一物种的数量尤其多。小玄燕鸥喜欢群居，成群这样的鸟儿将巢穴密密麻麻地建在红树枝条上。这些巢穴通常离地面1.2～3米，是用海草胡乱堆叠而成。这些鸟巢和树枝被数以万计的小玄燕鸥白色的粪便覆盖着，恶臭的气味能传播到很远的地方。

　　吉尔伯特先生说："我见过许多大型的鸟群，但是傍晚时分小玄燕鸥聚集起来给幼鸟喂食的景象，真的让我震惊了。那简直就是一片巨大的云。白天的时候，小玄燕鸥轮流着飞回来给幼鸟喂食，场面也是异常壮观。从它们的繁殖育雏地向外6.4千米的地方，无论是平静的海面之上，还是礁石上空，这些鸟儿不断地来往，形成了密实的阵列，就像一条条连续、不间断的线条。当幼鸟能够跟在亲鸟们身后外出觅食，它们一整天都会待在外面。夜晚归巢时，第一只回到繁殖地的鸟儿要等最后一只鸟儿归来后才肯去休息。这群鸟儿集合起来时，任何看见这场景的人都会感到震撼。奥杜邦对旅鸽飞行的方式做过生动的描写，许多人也亲眼见过这一物种恢宏的飞行方式。在日落时分，大群小玄燕鸥齐齐压向它们的休想处时，成年鸟儿的鸣叫、幼鸟稚嫩的声音几乎震耳欲聋，我想这会是任何人都不得不惊叹的场景。在12月份，小玄燕鸥开始繁殖，每次仅仅产下1枚卵。在孵卵育雏的时候，这一物种会表现得十分无私：它们即使被抓走，也不会离开自己的鸟卵和幼鸟。这一物种仅仅栖息在树木最高的枝干上，因此不会受到蜥蜴的攻击。许多爬树不那么敏捷的动物也对这一物种无可奈何。这或许部分解释了为何这一物种的数量比任何其他物种都多许多。"

　　小玄燕鸥的鸟卵为浅石灰色或奶白色，表面有许多不规则形状的暗栗红色和深棕色斑块。

　　雌雄鸟儿的外表没有可辨别的差异。

漂泊信天翁

英文名 Wandering Albatross　拉丁文名 Diomedea exulans

漂泊信天翁

游禽／鹱形目／信天翁科／信天翁属

人们普遍认为长时间在海上旅行是一件极度无聊、十分辛苦的事，但是我却不这样认为。当我专注于成百上千个新物种从我头顶飞过的身影，侧耳努力倾听一声声奇异的鸣叫时，无论这海上的旅程有多长，我都觉得获益匪浅、身心轻松。每当我回想起自己的旅行经历，心中也总是涌起无比愉悦的情绪。也正是在此种情境中，我第一次遇见了漂泊信天翁这种高贵的鸟儿。

漂泊信天翁是目前已发现的最大、最有力量的信天翁。它们身强体壮、生性残忍，让周围的其他鸟类都胆寒恐惧。我甚至听说漂泊信天翁会毫无惧色地攻击溺水的人，甚至挖出他们的眼睛。凭我的了解，它们完全能做出这样的事来。在南纬30°～60°的地方，这一物种的数量最为丰富。在所有这些地区的海岸边，似乎都栖息着同样多的漂泊信天翁。漂泊信天翁真正的自然栖息地似乎在开阔的海洋上；而在繁殖季节到来时，它们通常会来到最人迹罕至的岩石岛屿上。在上面提到的纬度内的海洋上航行时，我们每天都能看到这样的鸟儿。1838年7月24日，我在去澳大利亚的旅途中高兴地看到了这一物种。从这一天起，直到我们抵达塔斯马尼亚岛，我们始终能在船只周围看到这些鸟儿。好望角和圣保罗岛外的这一物种，数量最多。

漂泊信天翁的飞行能力比我观察到的其他物种都强得多。在温和平静的天气里，它们有时会飞落在水面上；在其他时候，它们则总是在飞翔。在最平静的日子里以及在暴风雨中，漂泊信天翁都能如利箭一般轻松而迅速地划过如镜的水面。它们毫无惧色地对抗狂风巨浪的样子，让我不禁千百次地赞叹。海上的船只每天往往要航行320多千米，漂泊信天翁却能连续几天轻松地跟在船尾。它们甚至还会盘旋飞翔上许多千米，接着再回到船尾捡食被扔下船的垃圾。

和同属的其他物种一样，漂泊信天翁的作息也不分昼夜。我熟悉的鸟儿没有哪一种像当前这个物种一样不知疲倦。它们似乎永远在飞行，总是在搜索着海面上的软体动物、水母等海洋动物来充饥。漂泊信天翁也常常会因为自己的鲁莽送上性命。每年都有几百只这样的鸟儿被捕射，但是它们的规模似乎从没有因此减少过。放了任意一种肥肉的吊钩都能轻易让它们上钩。下水的小船也很容易吸引大群漂泊信天翁的注意。这些鸟儿在船只周围盘旋时，很快就纷纷沦为枪靶。关于这一物种的体重和身形，尤其是翅展，许多作者做过一些让人吃惊的描写。我也十分关注这一点。在捕射了许多雌雄漂泊信天翁样本后，我发现它们的平均体重在7.7千克左右，而翅展大约为3米。不过麦考密克博士告诉我，他遇到过一些重达9.1千克、翅展达3.7米的大型漂泊信天翁。这一物种目前已知的繁殖地是特里斯坦·达库尼亚群岛、奥克兰和坎贝尔。另外它们也在麦韦斯托内岛、艾迪斯顿和塔斯马尼亚岛南部附近的礁石上繁殖。我所收获的一些精致的成熟样本，就是在这些贫瘠的地方捕射的。

麦考密克博士还借与我一枚精致的鸟卵，卵壳为纯白色。

厄尔先生说，幼鸟在一岁大以后才学会飞翔，但是在我看来事实并非如此。尽管幼鸟需要较长的时间才能长出成熟的羽翼来负担沉重的身体，进行长距离的飞行，但是在下一个繁殖季节到来之前，它们就已经离巢了。

不同阶段的漂泊信天翁颜色差异较大：老年鸟儿的羽毛几乎完全为白色，只有翅膀为黑色；其他阶段的鸟儿，羽毛呈现出黑色和纯白色之间的各种中间状态。但是它们的面孔总是白色的，一些样本的面部有浅黄色着色。羽毛下面是茂密的白色绒毛。鸟喙为精致的粉白色，端部接近黄色；虹膜为极深的棕色；睫部裸露，为浅绿色；腿、脚爪和脚蹼为粉白色。

幼鸟起初身披洁白的绒毛，后来长出深棕色羽毛。

插图中的这只漂泊信天翁大约中年，另一只大约2岁大。

黑眉信天翁

英文名 | Black-browed Albatross　　拉丁文名 | Thalassarche melanophris

黑眉信天翁

游禽／鹱形目／信天翁科／小信天翁属

　　黑眉信天翁或许是栖息在南部海洋上的最为常见的一种信天翁。它们喜欢群居，而且不怕人，因此每一个在那一地区旅行过的人都熟悉这一物种。我在南纬35°～55°的海上旅行时，常常能看到黑眉信天翁的身影。我们一路向东航行，它们就一直跟了几百千米。我毫不怀疑这些鸟儿时常会环球旅行。

　　这个家族的鸟儿都具有十分卓越的飞行能力，而它们的食物在世界各地都同样丰富，因此环球旅行就不是不可能的了。栖息在塔斯马尼亚岛南部海岸的黑眉信天翁数量最多，大群这样的鸟儿常常连续几天跟在我们的船只后面，在我们到达斯托姆港的时候仍然在我们头上盘旋。但是我们一着陆，它们就立刻消失，回到广阔的海上。

　　在我熟悉的所有物种中，黑眉信天翁是最不怕人的一个物种。它们常常出现在离船只最近的地方。我们用吊钩和绳常常能轻易地捕获到黑眉信天翁。这种捕鸟方式不会给鸟儿造成任何不适，吊钩仅仅勾住它们没有知觉的鸟喙角质端部。因此我常常用这样的方式捕获一些样本，将它们圈禁足够长的时间来观察各种细节，然后才将它们释放。我有时还会捕获一些傍晚时分在船只周围盘旋的黑眉信天翁，给它们做上标记，再释放。我想知道，经过了一夜的航行，在127千米外的天光中跟在船尾的鸟儿是否还是它们。我几乎每次都发现：跟在船尾的是同一群鸟儿。我们将捕获的鸟儿圈禁在甲板上，它们很快就会变得温和驯服，甘心被我们抚摸观察。但是要大规模驯化这一家族的任何一个物种却不容易，因为要为它们供应足够的食物实在有些难。在阴沉的天气里，这种鸟儿雪白的羽毛与周围灰蒙蒙的云朵形成鲜明的对比，几乎让我们以为它们目睹了那些自然中神奇精灵的奇妙作为。

　　雌雄鸟儿的羽毛没有可见的差异，幼鸟和成年鸟儿也是如此。

　　插图中为正值中年和幼年的黑眉信天翁。

巨鹱

英文名 | Southern Giant Petrel　　拉丁文名 | Macronectes giganteus

巨鹱

游禽／鹱形目／鹱科／巨鹱属

巨鹱是鹱科中体型最大的鸟类,它们均匀地分布在所有温和的南方高纬度地带。巨鹱常常会环球旅行。我们在好望角和塔斯马尼亚岛之间航行时,经常每天航行接近320千米,连续三个星期我们都能在船尾见到这样的鸟儿。它们出现在船尾,捡食船上扔下来的垃圾。这样的工作做完之后,它们就会去搜索更为广阔的海洋。它们每小时飞行128～161千米,在船尾觅食的间隙,它们至少会搜索周长达32千米的周围海面。

巨鹱的飞行方式并不像信天翁那样轻松优雅,而是不停地扇动翅膀,样子笨拙许多。这一鸟儿也更加怕人,并不会来到离船只太近的地方。而在飞行时,巨鹱白色的鸟喙十分醒目。

我曾在德因特里卡斯托海峡的洛切切湾看到成千上万只巨鹱聚集在海面上,捡食人们扔弃的鲸脂和其他垃圾。我在悉尼和新西兰之间的地方没有观察到过这一物种,但是在南纬50°、西经90°的合恩角附近,会有孤零零的巨鹱在船只周围出没。在南纬41°、西经34°的地方,仍然可以看到成对的巨鹱。库克先生12月份在圣诞岛发现了许多这样的鸟儿。这些鸟儿十分温和,水手们光是用木棍就能将一些巨鹱打下来。

成年鸟儿的整体羽毛为深巧克力棕色;鸟喙为浅角质色,端部有葡萄紫色的着色;虹膜为深黑棕色;腿为黑棕色。

当年的幼鸟颜色更浅,眼睛为银白色,点缀有网状斑纹。

白头圆尾鹱

英文名 | *White-headed Petrel*　拉丁文名 | *Pterodroma lessonii*

白头圆尾鹱

游禽／鹱形目／鹱科／圆尾鹱属

在往返澳大利亚的船只上，我常常连续几个小时出神地观察飞舞的鸟儿。我们的船只常常被一些鹱科鸟类包围起来。这些时候，一个闪亮的斑点常常在遥远的海平面上出现，十分引人注目。它不断地靠近，直到在我的视野中变得清晰——原来是一只白头圆尾鹱。白头圆尾鹱的翅膀十分有力量。它一瞬间升起到高空中，下一瞬间又像彗星一样穿过鸟群。但是它们从来不会飞到离船身太近的地方，因此很少有人能捕获它们。但是1839年2月20日，我终于成功地获得了这一物种的样本。

那是一个美丽的清晨，我在从霍巴特去往悉尼的途中，海上风平浪静。这只海上的游民出现在我们的视野中，接着来到离我们的船270米的地方。我很想让它飞得近一些，好将它捕获。于是我想了这样的办法：我将一只带塞子的瓶子用长绳系了扔进海里，让它漂荡到了96千米外的地方。当这只鸟儿再次来到我们视野中时，我不断地突然拉动绳子，来吸引它的注意。不久，这只鸟儿真的靠近了，于是我成功地将它捕射。

在翻看我的笔记时，我发现自己是在南纬39.6°、东经52°的地方第一次观察到这一物种的。我又在塔斯马尼亚岛外的海岸上观察到了白头圆尾鹱的身影。在返回英格兰的途中，经过悉尼和新西兰的时候，我也常常能看到它们。后来它们又在南纬40°、西经154°的地方出现。在南纬41°、西经34.5°的南大西洋海上，我也见到过几只白头圆尾鹱。

白头圆尾鹱的翅膀比同等身形和体重的其他物种更长、更弯曲，因此它们是鹱科鸟类中飞行能力最强也最勇敢的一个物种。在飞行中，它们深色的翅膀十分醒目。与其他飞行能力卓越的鸟类一样，白头圆尾鹱的腿纤细脆弱。

花斑鹱

英文名 | *Cape Petrel*   拉丁文名 | *Daption capense*

花斑鹱

游禽／鹱形目／鹱科／花斑鹱属

花斑鹱是在南半球旅行过的人都十分熟悉的一种鹱科鸟类；在大西洋和太平洋的海上，花斑鹱都同样常见，而且在塔斯马尼亚岛的南部海岸外，它们的数量最为丰富。事实上，花斑鹱栖息在上述提到的海洋上所有温和的纬度地区。毫无疑问，花斑鹱是海上旅行者们最熟悉的一个物种。为了获得船只上扔下来的废物，花斑鹱会跟在船尾飞上几百千米。因此，在我的印象中，花斑鹱也是一种喜欢环球旅行的鸟儿。花斑鹱常常会飞到离船只很近的地方。在无风无浪的日子里，我们用任何一种动物脂肪都能将它们吸引到离船只仅仅2.7米远的地方。用吊钩诱捕花斑鹱从来不是一件难事。因此在缺乏其他的娱乐方式的时候，船上的旅客们常常去诱捕花斑鹱。他们常常连续几个小时忙碌于此，愉快地消磨掉了漫长旅途中百无聊赖的时光。据说它们在特里斯坦－达库尼亚群岛以及所有相似的小岛上繁殖。我自己并没有找到任何一个可能属于花斑鹱的繁殖地。在塔斯马尼亚岛南部海岸外的岩石岛屿上，我们曾与大群花斑鹱告别——它们中的许多鸟儿是陪伴着我们从好望角而来的。但是我并不确定它们是否在那里繁殖。我从霍巴特去往悉尼，又从悉尼来到合恩角，最后回到英格兰，途中一直会在船只附近看到这种鸟儿。下面是我的一段旅行笔记，上面记载了看到这一物种的经纬度和时间。

"1838年7月27日，南纬26.9°、西经31.4°，我看到了第一只花斑鹱。从这一天，一直到我们绕过好望角的日子里，花斑鹱每天都会飞到我们的船旁。有时大群一起到来，有时只有三两只。花斑鹱是鹱科鸟类中的紫崖燕，性情极为温和。一旦有动物性的废物被扔下船，它们就敏捷地飞过船尾，在贴近船身的海上停下来进食。花斑鹱飞行的方式十分轻盈，除了在捕食的时候，它们几乎从不会下水游动。但是为了捕捉猎物，它们也常常潜进水中。花斑鹱在白天和夜里都会飞行，它们飞翔的姿态尤其优雅——这时候，它们的颈部回缩，巨大的腿部也完全隐藏进下尾羽覆羽中，尾羽则完全展开。用任何一种肥肉和吊钩就能轻易将花斑鹱捕获。我们将捕获的花斑蠼放在甲板上，完全不用担心它们会逃走，因为从平坦的平面上它们根本无法起飞。与其他的蠼科鸟类一样，花斑蠼在被激怒时会从鼻孔中喷射出一种油脂。它们的叫声微弱而尖厉。花斑蠼的体重大约有397克～510克。雌雄鸟儿的体重和羽毛没有差异，也都不会经历季节性的换羽。"

花斑蠼的头部、颌部、背部和颈部两侧、背上部、小翅膀覆羽、翅膀下表面边缘以及主翼羽为煤棕色；翅膀覆羽、背部和上尾羽覆羽为白色，每支羽毛端部为煤棕色；尾羽基部的一半为白色，端部的一半为煤棕色；下体表为白色；下尾羽覆羽端部为煤棕色；眼睛下部有一个白色小斑纹；鸟喙为黑棕色；虹膜和脚爪为极深的棕色。

插图中的花斑蠼，一只受了伤，它的伴侣在一旁陪伴。

短尾鹱

英文名 *Short-tailed Petrel*　拉丁文名 *Puffinus tenuirostris*

短尾鹱

游禽／鹱形目／鹱科／鹱属

短尾鹱栖息在澳大利亚的整个海域，塔斯马尼亚岛和巴斯海峡中的岛屿上数量最多。在夏季，短尾鹱来到其中一些岛屿上繁殖，它们尤其喜欢到绿岛上繁殖育雏。为了获得鸟卵和短尾鹱幼鸟，许多人都会来到这座岛上。他们将自己的收获腌制起来，作为食物储存起来。它们的羽毛也被收集起来做交易。1839年1月我来到这座岛上，尽管时间还算早，短尾鹱鸟卵和幼鸟的规模却已经让我不禁感叹。我听说过许多关于这个巨大的短尾鹱育儿室的故事，自己也亲眼去观察了一番。不过我发现，戴维斯先生对这一物种的生活习性做过一番有趣的描写，因此我将他的描述摘录在下面。

"9月初，大群短尾鹱集结起来，不久就在日落时分启程前往各个岛屿。在那里它们早已经营建了栖息处。在接下来的十天里，它们都留在那里过夜，并且为接下来的繁殖期做准备。然后，它们会离开，在海上度过大约五个星期。

"大约在11月20日傍晚时分，一些鸟儿开始飞来产卵。直到24日，越来越多的鸟儿飞来。不过这时候它们的数量还不算多。在这天早上要收集两打短尾鹱鸟卵还真不容易。

"11月24日晚间绿岛上的情形，就不是我匮乏的语言所能描述的了。日落前的几分钟里，大群短尾鹱从四面八方向这个岛屿飞来。它们的速度十分惊人，很快，一团巨大的乌云就压了下来。天提前黑了下来，鸟儿们在岛屿上空不断飞舞，接近一个小时后它们才安顿下来。整个岛屿都被挖了起来，但是所有这些洞穴还不够1/4的鸟儿产卵，混乱和吵闹的场面自然不言而喻。25日的清晨，雄鸟离开，又在傍晚返回。一直到繁殖季节结束，雄鸟都不厌其烦地重复着这样的生活。岛上的洞穴根据大小，每洞有1～4只幼鸟；但是大部分洞穴中都只有1只幼鸟。至少3/4的短尾鹱在灌木下产卵，鸟卵数量众多，在岛上行走，一不小心就会踩到几枚。弗林德斯岛的土著居民每年这一段时间里都会来绿岛上小住几天，收集鸟卵；在3—

4月，他们又会再次前来收集并加工幼鸟。除了绿岛之外，短尾鹱的主要繁殖地在弗林德斯岛和巴伦角等。鸟卵和腌制的幼鸟是当地猎人的主要食物，而短尾鹱的羽毛也成了一种重要的商品。"

刚刚猎杀的幼鸟是很好的食物，而剥了皮的成年鸟儿被放在石灰中保存，也会成为不错的食物。

相比短尾鹱的身形，其鸟卵的尺寸很大，卵壳为雪白色，蛋白占了很大的比例。而且奇异的是，这些鸟卵无论怎么煮，都会有一部分蛋白和蛋黄保持液体状态。

成年短尾鹱的食物包括虾、小甲壳纲动物和软体动物，它们主要在海岸边的大型海藻上捕猎这些食物。幼鸟的食物是各种海草。

这一物种贴近水面，平直地飞行。而且它们的速度极快，戴维斯先生说，短尾鹱的飞行速度至少是96千米／小时。

雌雄鸟儿的羽毛和身形十分相似，只有解剖才能将它们区分开来。

白腹舰海燕

英文名 | *White-bellied Storm Petrel*　拉丁文名 | *Fregetta grallaria*

白腹舰海燕

游禽 / 鹱形目 / 海燕科 / 舰海燕属

　　白腹舰海燕的身形与黑腹舰海燕相似，但是腹部中央完全没有黑色的羽毛，而且脚趾更短。我常常在南印度洋上观察到这一物种，因此我有理由相信，白腹舰海燕分布在好望角和合恩角之间气候温和的地区。另外，白腹舰海燕也极有可能栖息在南大西洋的相似地区。尊贵的总督格雷先生也注意到了它们，并将一些样本寄到了不列颠博物馆。

　　与黑腹舰海燕一样，白腹舰海燕也是一种精致、有力量的鸟儿。在平静的海面上，这些鸟儿像蝴蝶一样扇动轻盈的翅膀，轻松而自在地飞翔；在风浪最猛烈的时候，它们也毫不畏惧，总是以同样的活力迎着浪头而上。一瞬间它们似乎被海浪淹没了，下一瞬间它们又敏捷地同海浪一起升到最高点。蹼脚搏击水面的动作与翅膀灵巧的扇动配合得天衣无缝。和同属其他物种一样，白腹舰海燕也以软体动物、鱼卵和各种漂浮在水面上的动物脂肪为食。

　　白腹舰海燕头部和颈部为深煤黑色；背部为灰黑色，每支羽毛边缘为白色；翅膀和尾羽为黑色；胸部、整个下体表和上尾羽覆羽为白色；鸟喙和脚爪为深黑色。

　　它们颈部的煤黑色略有差异：一些样本的黑色羽毛仅仅延伸到喉咙基部，而另一些则覆盖整个胸部，但是从不会蔓延至腹部中央。

灰背海燕

英文名 | Grey-backed Storm Petrel　拉丁文名 | Garrodia nereis

灰背海燕

游禽／鹱形目／海燕科／灰背海燕属

1839年5月，我从霍巴特镇前往悉尼。在风平浪静的一天，我获得了4只灰背海燕样本。后来我又在巴斯海峡东部入口附近的天空中看到了许多灰背海燕。1840年4月，在返程途中，我又在新南威尔士和新西兰最北端看到了它们。

灰背海燕的尾部没有任何白色斑纹。这一点是我在相似物种身上都没有观察到的。因此读者们，你们一定能够想象，我走下船去捕捉这些四处飞舞的鸟儿时，内心是怎样的欣喜。

灰背海燕的生活习性和飞行方式与其他的海燕几乎没有不同。它们的食物也是相似的。脂肪组织和软体动物都是各种海燕喜欢的食物。

雌雄鸟儿羽毛相似，身形也几乎一致。

头部、颈部和胸部为煤灰色；翅膀覆羽下部、背部、尾部和上尾羽覆羽为灰色，每支羽毛边缘略微为白色；翅膀为灰黑色；尾羽为灰色，端部大块为黑色；下体表为纯白色；虹膜、鸟喙和脚爪为黑色。

斑鸬鹚

英文名 | *Pied Cormorant*　拉丁文名 | *Phalacrocorax varius*

斑鸬鹚

游禽／鲣鸟目／鸬鹚科／鸬鹚属

我在袋鼠岛附近的海湾中第一次观察到这种精致的鸬鹚。生活在这一地区的斑鸬鹚为数众多，整个南部的海岸，从西部的天鹅河到东部的摩顿湾都栖息着许多这种鸟儿。因此我敢断言，斑鸬鹚是在澳大利亚分布最广的一个鸬鹚属物种。另外，我还收到过新西兰的斑鸬鹚样本。

斑鸬鹚喜欢群居；几百只斑鸬鹚常常结群出现在平坦的沙滩上。海浪带来了丰富的鱼类食物，而斑鸬鹚也同其他的鸬鹚属鸟类一样，是捕食鱼类的高手。斑鸬鹚的身形庞大，羽翼颜色斑驳。在水面上觅食时，斑鸬鹚是一种醒目的鸟儿。当它们喂饱自己，来到沙堤和低低的岩石壁架上休息时，在胃中的食物消化殆尽之前，它们几乎会纹丝不动地休息。这时候，它们的样子看上去十分奇异。

我拥有一些斑鸬鹚的鸟卵样本。这些鸟卵的卵壳为浅蓝白色。这些鸟卵是在天鹅河南部32千米的一些岛屿上收获的。莱瑟姆先生说斑鸬鹚在树上繁殖。

雌雄鸟儿的羽毛完全相似，眼部周围的斑纹也同样明亮；第一年秋季的幼鸟整个上体表为棕色，每支羽毛边缘颜色更浅；颈部两侧和胸脯部位上部也有斑驳的棕色和白色。

头冠部、颈背部、背下部、上尾羽覆羽、侧腹和大腿部位为明亮的深钢蓝色；整个上体表和翅膀为深暗绿色，每支羽毛极狭窄的边缘为深黑色；主翼羽和尾羽为深绿黑色；面部两侧和整个下体表为纯白色；虹膜为浅海绿色；眼前部裸露部分为亮橙色；睫部和眼下部裸露皮肤为深靛蓝色；喉部和两颊为浅蓝灰色；鸟喙为深角质色，端部颜色更浅；腿和脚爪为黑色。

红尾鹲

英文名 *Red-tailed Tropicbird*　拉丁文名 *Phaethon rubricauda*

红尾鹲

游禽／鹲形目／鹲科／鹲属

红尾鹲十分广泛地分布在印度洋和南太平洋所有温和的海域。它们常常会追逐海上的行船，有时还会在桅杆绳索上栖坐下来。8—9月，红尾鹲回到岛上去完成自然赋予它们的繁殖任务。澳大利亚大陆东部海岸外的诺福克岛以及托雷斯海峡中的岛屿，都是红尾鹲的繁殖地。我从这些地方都获得了红尾鹲和鸟卵样本。鉴于我自己没有机会亲眼观察这些物种的生活方式，便将约翰·麦吉利夫雷先生的描写摘录在下面。

麦吉利夫雷先生说："6月份我们在托雷斯海峡中的一个岛上发现了这一物种。接着我们捕获了其中的十几只鸟儿。一次，我们看到三只鸟儿在这个小岛上空飞来飞去，不久，其中一只红尾鹲就飞落了下来。我赶紧跑了过去。在海岸边岩石壁架下的一个洞穴里，我发现了一只雄鸟。经过一番艰难的追逐，我成功地将它捉了起来。在这个过程中，它一直在发出大而沙哑的嘶鸣声，并试图不断地用鸟喙攻击我。红尾鹲不会营建任何形式的巢穴，仅仅将2枚鸟卵产在裸露的洞穴底部。雌雄鸟儿都会参与孵卵。正午时分，它们通常从海上返回，从高高的空中盘旋呼啸着飞落下来。鸟卵底色为浅红灰色，有棕红色的大小斑点。

"红尾鹲的胃中有墨鱼的尖嘴。

"我观察到的雌雄鸟儿唯一的外形差异在于，雄鸟的羽毛颜色更粉，背部尤其如此；不过雌鸟或雄鸟个体的羽毛颜色深度也有差异。"

莱瑟姆说，在毛里求斯岛上栖息着众多红尾鹲，而在帕默斯顿岛等地，这一物种也十分常见。在所有这些地区，红尾鹲都将鸟卵产在树下的地面上。

澳洲鹈鹕

英文名 | *Australian Pelican*　拉丁文名 | *Pelecanus conspicillatus*

澳洲鹈鹕

游禽／鹈形目／鹈鹕科／鹈鹕属

澳洲鹈鹕是鹈鹕属鸟类中最精致的一个物种。它们的身形与欧洲的白鹈鹕和卷羽鹈鹕相似。尽管澳洲鹈鹕没有羽冠，它们的面部和颌部斑纹却异常美丽。没有哪一个鹈鹕物种能比澳洲鹈鹕更好地装点我们的鸟舍了。在所有小海湾和河流上，这一物种的数量都十分丰富。在塔斯马尼亚岛和澳大利亚大陆上，澳洲鹈鹕都是最常见的一种大型鸟类。我在绿岛上捕获了一些澳洲鹈鹕样本，在所有鱼类丰富的河流和湖泊上，澳洲鹈鹕都是一种常见的鸟类。在所有这些内陆水域中都栖息着数量众多的澳洲鹈鹕，斯特尔特先生说，这些鸟儿甚至几乎覆盖住了一条宽63～72米的河流。

澳洲鹈鹕的鸟巢是一个用树枝和青草搭建的庞大结构体，建在刚刚高出高水位线的地方。鸟卵通常有2枚，为暗淡的黄白色。

澳洲鹈鹕整体羽毛为白色，只有肩胛部位羽毛、肩膀边缘的一条斑纹、大翅膀覆羽下排、主翼羽、副翼羽、少数上尾羽覆羽以及尾羽为黑色；胸脯部位略微有硫黄色着色；喉囊和颌部为黄白色，后者有蓝色着色，至端部颜色渐深；颌前部边缘靠近端部的一半为黄色，至端部颜色渐深；上下颌角为绿黄色；虹膜为深棕色；睫部为靛蓝色；眼周为浅黄色，有一条狭窄的浅靛蓝色环纹；腿和跗骨上部为黄白色；脚爪、脚蹼和跗骨下部为蓝灰色，这两种颜色在跗骨中央交融；脚爪趾甲为暗淡的黄白色。

澳洲鲣鸟

英文名 | Australasian Gannet   拉丁文名 | Sula serrator

澳洲鲣鸟

游禽／鲣鸟目／鲣鸟科／北鲣鸟属

每一位鸟类学家显然都清楚，澳洲鲣鸟与欧洲的北鲣鸟是十分相似的物种。它们生活在两个半球的相同纬度地区，占据着自然界中相似的位置，生活习性、行为特征以及结构都十分相似。

我发现澳洲鲣鸟广泛地分布在塔斯马尼亚岛外的海上。在该岛屿南部的海上，这一物种的数量最多。众所周知，鲣鸟属鸟类天生笨拙，澳洲鲣鸟就是最典型的鲣鸟属物种。我在捕猎澳洲鲣鸟样本的过程中亲自验证了这一点。

当我观察到50只精致的澳洲鲣鸟卧在一块低矮平坦的岩石上时，我指挥船夫谨慎地向它们划去，好让我有机会捕射几只样本。很快，我们就来到了它们跟前。由于距离太近，我手中庞大的猎枪反而不能用了。于是我决定等到它们飞起来的时候再尝试捕射几只样本。我们的船驶到了它们旁边，但这并没能惊扰到它们。我和船夫的对话也没能让它们警觉。可想而知那时我有多么惊讶。我和一位船夫上了岸，走近这群仍然拥挤在一起的鸟儿。模样斑驳的鸟儿们呆呆地看着我们靠近，终于开始表现出一丝惊讶和不安。尽管如此，我们还是成功地徒手捕获了5只精致的澳洲鲣鸟样本。这时候，其他的鸟儿才拖着脚走到岩石壁架上飞起来。这样的事若是发生在它们的繁殖期，我一定不会惊讶，因为我知道，那时候它们会有这样的护子意识。但此刻仅仅是在休息的时候，它们竟允许自己被人类双手活捉，这真是一件不可思议的事。这种愚蠢或许是天性使然，又或许是因为它们的栖息地上从未出现过人类的身影。

澳洲鲣鸟的食物包括各种鱼类。鱼儿在浅水层游动时，这些鸟儿会猛扑上去，将它们吞入腹中。

成年雌雄鸟儿的羽毛十分相似；幼鸟与它们的亲鸟差异巨大。

红脚鲣鸟

英文名 | *Red-footed Booby*　拉丁文名 | *Sula sula*

红脚鲣鸟

游禽／鲣鸟目／鲣鸟科／鲣鸟属

在澳大利亚的北部海岸上，生活着大量的红脚鲣鸟。数量巨大的这一物种在托雷斯海峡的雷恩岛上繁殖，我也从这一地区获得了几个精致的红脚鲣鸟样本。麦吉利夫雷先生对这一物种做了精彩的描写。

麦吉利夫雷先生说："5月29日，我们来到雷恩岛上。那时繁殖季节似乎刚刚过去，不过我还是幸运地发现了一只孤鸟坐在鸟巢中的一枚鸟卵上。这鸟巢是一个直径45.7厘米的平台，建在一丛植物上。筑巢材料是岛上常见的一些攀缘植物的根须。几天后，红脚鲣鸟似乎感受到太多的打扰，于是白天从来不在岛上出现。到了夜里，几百只红脚鲣鸟飞来，在地面上和岛中央的小灌木上过夜。"

我们捕获了各个阶段的红脚鲣鸟样本，从第一年长着均匀的暗棕色羽毛的幼鸟，到着纯白色羽毛的成熟鸟儿，都有。麦吉利夫雷先生观察到，红脚鲣鸟的鸟喙和软体部分的颜色会随着个体的生长而变化：最初鸟喙为细腻的蓝粉色，上颌基部有粉色的光泽，眼睛周围的裸露部位为暗淡的铅色；接着，这些部位的颜色会变得更加明亮，最后会变成插图中近处那只鸟儿的样子。

在生活习性、行为特征和总体结构方面，红脚鲣鸟无疑也与同属的其他物种十分相似。红脚鲣鸟也会趁鱼类在近水面游动时猛冲上去捕食。

成年鸟儿的整体羽毛为黄白色，只有翅膀和尾羽例外；前者为黑棕色，有灰色光泽，后者为浅灰棕色，渐变为灰色，羽轴为白色；虹膜为灰色；腿和脚爪为朱红色。

凤头鹛䴘澳洲亚种

英文名 | Australian Tippet Grebe   拉丁文名 | Podiceps Australis

凤头䴙䴘澳洲亚种

游禽／䴙䴘目／䴙䴘科／䴙䴘属

这一美丽的凤头䴙䴘栖息在塔斯马尼亚岛和澳大利亚大陆南部的所有内陆水域中。在任何适宜它们生长的环境中，我们都能看到凤头䴙䴘的身影。它们尤其喜欢那些类似湖泊的水域。这些地方生长着茂密的灯芯草和其他水生植物。在这些植物中间，凤头䴙䴘营建起漂浮的巢穴，养育后代。它们不仅有很好的潜水技能，也能够很好地搏击风浪。我在德文特河上游常常吃惊地看到凤头䴙䴘迎着风浪坚强地游动。

与欧洲的凤头䴙䴘相比，澳大利亚的凤头䴙䴘身形更大，羽领更丰满，颜色更深。

凤头䴙䴘颈部美丽的羽饰在春天生长起来，繁殖季节过后又会消失。接着，它们的面部就变成了与颈部其他部分相似的灰白色。

雌雄鸟儿终年都很相似；羽领的大小也相同，但是雌鸟的身形通常要小一些。

头冠部和枕骨部位羽丛为黑色；羽领外侧为黑色，中央为深栗色，至面部渐变为浅黄白色；上体表和翅膀为深棕色；肩胛部位和副翼羽为纯白色；整个下体表为银白色，侧腹有棕色和栗色的着色；虹膜为红色；鸟喙为深角质色；跗骨和脚爪趾上表面为深橄榄绿色，下表面为浅黄色。

插图中的成年雄性凤头䴙䴘正处于繁殖期。

小蓝企鹅

英文名 | Little Penguin　　拉丁文名 | Eudyptula minor

小蓝企鹅

游禽／企鹅目／企鹅科／小蓝企鹅属

栖息在塔斯马尼亚岛全岛、巴斯海峡和澳大利亚大陆南部海岸上的小蓝企鹅，数量极为丰富。它们到访的水域都不会太深，这样它们才能扎入水底觅食。它们常常在深海湾、港口以及一些大河的入海口处出现，但是我相信小蓝企鹅从来不会出现在淡水水域。海洋中众多的小岛是它们最喜欢的栖息地，它们不仅可以在这些小岛的海岸边觅食，还可以爬上不算太陡峭的海岸繁殖。在巴斯海峡所有低矮的小岛上，这一物种都很常见。每年的9—11月，人们都可以轻易在这些地方收获许多小蓝企鹅和它们的鸟卵。

小蓝企鹅的体重较沉，羽翼又十分浓密，因此它们总是在深水中游动——在游动中，仅仅将颈部和背上部露出水面。小蓝企鹅在水中前进的方式十分惊人。它们像海豚那样弹跳，像鳍一样短短的翅膀与脚爪一起辅助躯体前进。小蓝企鹅可以灵敏地在最狂暴的海浪中游泳。海面上狂风呼啸的时候，小蓝企鹅依然在水底美丽的珊瑚床和海草间跋涉着寻找甲壳纲动物、小鱼和海洋植物。我在解剖的小蓝企鹅胃中发现了所有这类的食物。

小蓝企鹅将一年中的大部分时间都用于繁殖育雏。因为小蓝企鹅幼鸟要花很长一段时间去适应恶劣的生存环境。尽管亲鸟们会将自己的大部分精力用于照顾和保护幼鸟，但是在狂风暴雨来临的时候，还是会有大量的幼鸟死去。一场风暴过后，我们在海滩上常常可以看到几百只小蓝企鹅的尸体。

从我对这一物种的观察来看，我认为雌性和雄性小蓝企鹅都会参与孵卵，并在夜间轮流工作和休息。

鸟卵有时产在地面上的浅坑中，有时产在一定深度的倾斜孔洞中。鸟卵有2枚，尺寸较小。卵壳为白色。

小蓝企鹅不善于奔跑，也完全不能飞行，因此很容易被捕获。被徒手捕获时，小蓝企鹅仅会通过用鸟喙笨拙地啄动来反抗。幼鸟在成熟前身披厚密的长绒毛，在逐渐成熟后绒毛被短而僵硬的羽毛取代。接着鸟儿们就可以下海了。

小蓝企鹅的鸣声沙哑刺耳,有时和犬吠声相似。

雌雄性小蓝企鹅外表几乎没有差异。

上体表的羽毛为浅蓝色,每支羽毛中央有一条精致的黑色斑纹;整个下体表为银白色;眼睛扁平;虹膜为浅黄白色,外侧边缘有深棕色的网格状结构,瞳孔附近有一圈相同颜色的精致环纹;鸟喙为角质色,嘴峰和端部为石板黑色;脚爪为黄白色;脚爪趾甲为黑色。

插图中为两只成年及两只幼年的小蓝企鹅。

BIRDS OF AUSTRALIA

VOLUME VIII

SUPPLEMENT

卷 八

补 录

斑翅食蜜鸟亚种

英文名 | Yellow-rumped Pardalote   拉丁文名 | Pardalotus xanthopygius

斑翅食蜜鸟亚种

鸣禽／雀形目／斑食蜜鸟科／斑食蜜鸟属

这一美丽的小食蜜鸟的发现，教会了我们一个道理，那就是：古老的格言一定是有道理的——他们说，"双鸟在林不如一鸟在手"。斑翅食蜜鸟再一次教会了我这个道理。我在南澳大利亚四处漫步的时候常常看到这种鸟儿，但是它们与其他的斑翅食蜜鸟十分相似，因此我从没有想到去捕射一只样本看一看。斑翅食蜜鸟生活在澳大利亚的整个南方地区以及塔斯马尼亚岛。

麦克伊先生对这一物种做了细致的描写：

"雄鸟的头冠部、翅膀和尾羽为黑色，大部分羽毛的端部附近有一个白色的圆斑，副翼羽的斑点最大；从鼻部至眼睛有一条白色斑纹；耳部覆羽和颈部两侧为灰色，边缘颜色更浅，因此看起来有些斑驳；背部的羽毛基部为深灰色，端部附近有一个较大的三角形灰白色斑点，边缘为黑色；背下部、下尾羽覆羽、喉部和胸前部为深黄色；上尾羽覆羽为深红色；腹部为浅棕奶油色；侧腹为灰色；鸟喙为黑色；脚爪为棕色。"

"雌鸟的头部为灰色，喉部为浅白色。"

插图中为两只雄性和一只雌性斑翅食蜜鸟。

白腹凤头鹟

英文名 White-bellied Flycatcher   拉丁文名 Elminia albiventris

白腹凤头鹟

鸣禽／雀形目／莺鹟科／凤头鹟属

数量丰富的白腹凤头鹟栖息在约克角半岛上。据科克雷尔先生说，它们是一种留鸟，会在灌木丛边缘繁殖育雏。在捕食习惯上，白腹凤头鹟与霸鹟一致，会从栖坐的地方突然飞出去捕捉昆虫，接着返回同一根树枝上坐下。在捕食过程中，它们会一直左右摆动着尾羽。

科克雷尔先生为我带来了这一物种的鸟卵。卵壳为奶油白色，表面有无数细小的红褐色斑点。这些斑点在鸟卵中央和小的一端较为稀疏，而在大的一端十分密集。白腹凤头鹟通常产卵2枚。巢穴结构小而整齐，内巢较浅。

鸟喙和腿为橄榄铅色；前额和眼睛上部的一条狭窄斑纹、耳部覆羽上部和喉部为深黑色；两颊、颈下部和胸部为明亮的红锈色；腹部、腋羽和翅膀下表面较大部分为雪白色；头冠部、颈背部和背部为蓝灰色；主翼羽为灰棕色；上尾羽覆羽和尾羽为黑色，后者的3支外侧尾羽的大块端部为白色。

雌、雄白腹凤头鹟的外形几乎没有差异。

艾氏琴鸟

英文名 | Albert's Lyrebird   拉丁文名 | Menura alberti

艾氏琴鸟

鸣禽／雀形目／琴鸟科／琴鸟属

艾氏琴鸟与华丽琴鸟有着十分明显的不同。艾氏琴鸟的羽毛为红褐色。华丽琴鸟的尾羽形似竖琴，上面有美丽的斑纹，十分华丽。相比起来，艾氏琴鸟的尾羽无论是颜色还是形状，都要朴素得多。

贝内特博士说："我常常看到艾氏琴鸟，但是一直以为它们是华丽琴鸟的雄性幼鸟，直到史蒂芬森博士告诉我他认为这是一个新物种。在比较之后，我发现确实如此。

史蒂芬森博士说："这两种鸟儿十分相似，只有尾羽大不相同。我和我的朋友认为它是一个新的物种，做了许多调查工作。伐木工人和其他人都相信它们是不同的物种。他们说艾氏琴鸟不像华丽琴鸟那样胆小，因此可以更容易地捕获。它们常常会到访植被不是那么茂密的山脊。艾氏琴鸟一天中的大部分时间都在地面上度过。它们觅食，踱步，尾羽弯向背部离脑袋很近的地方，翅膀垂落在地面上。每只鸟儿都会为自己营建3~4个藏身处。这些藏身处就是在地面上挖掘的一些直径6.35厘米、深45.72厘米或50.8厘米的洞。每个洞之间间隔三四百米远。要看到艾氏琴鸟并不容易，你不仅需要小心躲藏，还需要目光敏锐。无论你何时看到艾氏琴鸟，它的身子总是深藏在这样的洞穴里。它们常常会跳进这些洞穴中进食，又会爬到地面上绕圈踱步，惟妙惟肖地模仿任何一种碰巧出现在附近的鸟儿的鸣声。艾氏琴鸟自己的鸣声则极为悦耳多变。一旦有陌生的身影入侵，它们就会飞上附近树木最低矮的枝条，接着再从那里向上跳跃。等到了最高处，它们又会俯冲到另一棵树上去玩耍。我在解剖的艾氏琴鸟胃中总是会发现一些昆虫，而没有任何其他的食物。"

斯特朗格先生告诉我："我在雪松林中看见这样的鸟。和华丽琴鸟一样，艾氏琴鸟也比较胆小，在受到惊吓时会高抬着直立的尾羽逃跑。我在这片雪松林中观察了十天，但是并没有找到盛有鸟卵的巢穴。"

艾氏琴鸟雌鸟与雄鸟相似，但是尾羽结构更简单，两支中央尾羽更短、更宽、更直。

紫冠细尾鹩莺

英文名 | *Purple-crowned Fairy-wren*　　拉丁文名 | *Malurus coronatus*

紫冠细尾鹩莺

鸣禽 / 雀形目 / 细尾鹩莺科 / 细尾鹩莺属

　　紫冠细尾鹩莺可以说是澳大利亚最美丽的一种鸟。它们不仅身形优雅，而且头部美丽的淡紫色羽毛甚是迷人。

　　紫冠细尾鹩莺是维多利亚河河畔的居民。雌雄紫冠细尾鹩莺样本均已被捕获，现在收藏于不列颠博物馆。

　　雄鸟的头冠部为美丽的淡紫色，中央有一块三角形斑点，下方有一圈深黑色斑纹；背部和翅膀为浅棕色；尾羽为蓝绿色，端部颜色更深；侧面羽毛外侧边缘和端部为白色；下体表为浅黄白色，侧腹和尾部颜色渐深；虹膜为棕色；鸟喙为黑色；脚爪为肉棕色。

　　雌鸟的整个上体表为浅棕色；眼端和眼睛后部为白色；耳部覆羽为栗色。其他部分均与雄鸟相似。

群辉椋鸟

英文名 | Shining Starling   拉丁文名 | Aplonis metallica

群辉椋鸟

鸣禽／雀形目／椋鸟科／辉椋鸟属

群辉椋鸟栖息在澳大利亚大陆上。这一物种在约克角显然十分常见，而且大量群辉椋鸟在那里繁殖。群辉椋鸟也栖息在新几内亚、帝汶岛、苏拉威西岛和新爱尔兰。

群辉椋鸟的成年鸟儿和幼鸟羽毛差异较大，而成年雌雄群辉椋鸟却十分相似，只有解剖才能区分。麦吉利夫雷先生对群辉椋鸟的生活习性和繁殖方式做了有趣的描写。

"我们最近一次到访约克角的时候，十几只鸟儿常常一起从树冠上空飞过。在飞行过程中，群辉椋鸟还会发出叽叽喳喳的鸣叫。一天，一个当地人带我去一处茂密的丛林中央看群辉椋鸟的繁殖地。我看到了一棵巨大的木棉树孤零零站在那里，树枝上悬挂着许多鸟巢。这些鸟巢平均长60厘米，宽30厘米，略呈椭圆形，有些扁平，由细茎捆绑在树枝上。这一鸟巢几乎完全是用同一种攀缘植物的茎和长藤蔓营建起来的，内巢是更柔软的同类材料和一些叶子等。鸟卵通常有2枚，有时也有3枚。卵壳为蓝灰色，有红粉色的斑点，斑点主要集中在大的一端。一些鸟卵没有斑点，另一些鸟卵则只有几个很小的斑点。群辉椋鸟的鸣叫声短而尖厉，像发怒似的快速连续重复数次。

"在这棵树上大约有50个鸟巢。有一些鸟巢显得孤零零，还有三四个鸟巢拥挤在一起。与我同去的有一位少年，我答应他会给他一把匕首，因此他主动要求爬上这棵树。但是树皮十分光滑，树干高而粗，底部的树干直径有1.37米。我完全不清楚他是怎么做到的，总之他在一根坚韧藤条的辅助下成功地爬了上去。他将这根藤条绕在树干上，两只手分别抓住藤条一端，双腿和脚爪抵住树干，然后不断地猛然拉动绳子，就这样爬了上去。他给我扔下来足够多的鸟巢，其中一个鸟巢现在收藏于不列颠博物馆。

"我在群辉椋鸟的胃中发现了细碎的种子和其他的植物组织。"

插图中为成年雄鸟和当年的幼鸟。

西大亭鸟

英文名 | *Guttated Bowerbird*　　拉丁文名 | *Chlamydera guttata*

西大亭鸟

鸣禽 / 雀形目 / 园丁鸟科 / 大亭鸟属

我要感谢格雷戈里先生做的研究，让我们认识了这一新物种。西大亭鸟栖息在澳大利亚西北部地区，而且显然是这一物种建造了格雷先生描述过的凉亭。他曾说："我们偶然发现了一种极为奇特的鸟巢，或者说是一个类似鸟巢的东西。我们以前也看到过几个这样的建筑，总是在猜测它们可能的用途。我和我的同伴们常常会发现它们，有时在海岸边，有时在离海滨9.6～11.3千米的地方。我曾经还以为它们是袋鼠的杰作，直到后来才听说它们是一种园丁鸟科鸟类的游乐场。这些建筑是用枯草和陷进沙地中的两个平行沟槽里的灌木枝条建起来的，上部是美丽的拱顶。另外一个关于这些小建筑的最有趣的事实就是：在这些建筑中或者附近，总是有许多破碎的海贝壳。凉亭两侧的开口处总是堆放着大堆海贝壳。一次，我的同伴还在我们所找到的离海滨最远的一个凉亭中发现了成堆的某种水果核。这些果核显然在海洋上漂荡过很久。"

格雷戈里先生给我送来的鸟儿样本身形较大，也与斑大亭鸟一样，羽毛上长满斑点。但是它们的区别在于，西大亭鸟上体表的水滴状斑更大更清晰，腹部为浅黄色，主翼羽的羽轴为更富丽的黄色。这一样本很有可能是一只雌鸟，因为它的羽毛上完全没有雄性斑大亭鸟所有的那种美丽的紫色斑纹。在格雷戈里先生发现了这种有趣的鸟儿之后，斯特尔特先生从阿德莱德一直旅行到维多利亚河，穿越了整个澳大利亚大陆，也在旅途中看到了这一物种。因为他将一只显然属于这一物种的头部样本留在了我家里。这只雄鸟颈背部也有精致的淡紫色羽毛，这一点和斑大亭鸟是一致的。我只见过这只雄鸟头部的样子，因此插图中雄鸟头部以下的部分都是想象出来的。但是凭我对相似物种的观察，加之合理的推测，我相信我的描绘是正确的。斑大亭鸟仅仅生活在新南威尔士、昆士兰和澳大利亚的东南部地区。而西大亭鸟的栖息地则在与这些地区相距3200千米的西部地区。

幡羽极乐鸟

英文名 | *Standardwing*   拉丁文名 | *Semioptera wallacii*

幡羽极乐鸟

鸣禽／雀形目／极乐鸟科／幡羽极乐鸟属

许多年来，我们所发现的栖木鸟类中最为奇特的，就是幡羽极乐鸟了。华莱士先生在摩鹿加群岛中的一个岛屿上发现了这一物种，并将一只样本送到了伦敦。华莱士先生第一眼看到这一非凡的物种时一定欣喜若狂！他又是怀着怎样激动的心情描绘了他见到这一鸟儿时的情景！他下定决心不声张自己的发现，然而又忍不住想让世人知晓，于是他写信回国。我将华莱士在一封信中的话摘录在下面：

"我来到这里仅仅只有五天，但是从我在这片自然中所见和所做的一切来看，这里实在是我到访过的最迷人的地方了。我观察到的鸟类虽然还很稀少，但我仍然期望能收集一批不错的样本。而且我想，我已经得到了这座岛上最精致、最美好的一种鸟儿了。我本想不声张，但还是忍不住要告诉你。我获得了一只极乐鸟科的新物种！它属于一个新的属！与现在的所有鸟类都不相同，十分奇异，十分帅气！等我捕获几对这种鸟儿以后，我就把它们寄回去，你看看它们究竟是个什么物种。我若是在特尔纳特见到这种鸟儿，一定不会相信它们来自这里，这里远不属于我们料想的极乐鸟科物种的分布地。我认为它是我目前最大的发现。这也给了我新的希望，或许在济罗罗岛和塞兰岛也能收获一些其他的物种。

"我不擅长画鸟类，但还是把我为这一鸟儿所画的、实在糟糕的画像寄给你，免得你好奇得厉害。我听说这里的雨季在12月份开始，极为可怕；所以那时候或许我就会离开。"

格雷先生拿到了华莱士先生的这张画，将它与已知的物种仔细地做了比对。后来，他在动物学会的会议上发表了这样一段话：

"正如华莱士先生在他信中所说的，这鸟儿是一个新的物种。我相信，用华莱士先生的名字为这一物种命名是公正合理的。他不辞辛苦去到自然学家们几乎从未涉足过的地方，为推动鸟类学和昆虫学的发展付出了辛勤的努力。"

鸮鹦鹉

英文名 | *Kakapo*　　拉丁文名 | *Strigops habroptilus*

鸮鹦鹉

攀禽／鹦形目／鸮鹦鹉科／鸮鹦鹉属

早在1845年，第一只鸮鹦鹉的皮毛样本就被送到了欧洲。但是在此之前我们就早已经确定这一物种的大量存在了，因为毛利人会佩戴这种羽毛作为装饰。奇怪的是，从我们确定新西兰这一物种的存在，到这一物种的样本来到欧洲，很长一段时间已经过去。在并不久远的过去，整个新西兰地区还生活着许多鸮鹦鹉，但是在众多的因素交织下，鸮鹦鹉在许多地方都绝迹了。移民者们带来的猪、狗、猫，以及老鼠的大肆繁衍，显然是其中一个原因。狗、猫和老鼠不仅摧毁了大量的鸮鹦鹉，给许多其他物种也带来了毁灭性的伤害。

莱尔博士首先对这一非凡的鸟儿做了描述，我将他的原文摘录如下：

"尽管据说鸮鹦鹉仍常见于新西兰北岛内陆的高山地区，但是我们仅仅在中岛的西南端见到了它们。大量的鸮鹦鹉栖息在河流两岸的干燥山岭和平原上。那里的树木高大，森林中鲜少生长蕨类植物或小灌木。

"鸮鹦鹉生活在树根下的洞穴中，也常常卧在岩石下过夜。许多新西兰的树木树根部分突起在地表，因此常常在下面形成一些洞穴。但是我们发现，有鸮鹦鹉居住的洞穴常常是被挖掘扩大了的，但是在洞穴四周我们没有找到多余的土壤。这些洞穴常常有两个开口，而且有时洞穴上部的树干也被挖空了一截。

"只有从中空的树干爬到树木高处的时候，鸮鹦鹉才会展翅飞行。但是它们并不会长时间飞行，翅膀几乎不动；而且总是从高的地方飞向不远处低的地方。很快，它们又会在尾羽的帮助下向高处攀爬。

"除非被从洞穴中驱赶了出来，鸮鹦鹉几乎不会在白天里出现。因此，只有在猎狗的帮助下，我们才能发现这一物种。

"狗变得如此众多和常见以前，土著人习惯在夜间捕捉它们，会用火把混淆它们的视听。它们有时会成为家犬的好对手，强有力的脚爪和鸟喙是它们强大的武器。在不久以前，这一物种在中岛的全部西海岸上还很常见，但是据说有一种野狗在这片海岸的北部大肆繁殖，泛滥成灾。它们所到之处，鸮鹦鹉都灭绝了。

"在2月下旬和3月上旬的时候，我们在许多洞穴中发现了鸮鹦鹉幼鸟。通常，在一个洞穴中只有1只幼鸟，至少从来不会超过2只。一次，我在一个洞穴中发现了2只幼鸟，另外还有1枚腐败的卵。通常洞穴中还有1只成年鸟儿。

"鸮鹦鹉不会筑巢，而仅仅在几乎天然的洞穴中产卵。幼鸟处于不同的阶段，有一些几乎羽翼丰满，另一些则还覆盖着绒毛。鸟卵为白色，与鸽子蛋大小相似。

"鸮鹦鹉的叫声粗糙沙哑，在恼怒或饥饿的时候还会发出刺耳的尖叫声。毛利人说，在冬季的时候，大群这样的鸟儿会聚集在山洞中。在它们到来或起程分散到夏季栖息地之前，吵闹的鸣叫声震耳欲聋。

"许多活的幼鸟被带上了船。几天后，大部分幼鸟就都死去了，或许是因为缺乏足够的照料；一些在一两个月后也死去了。在圈养了几个星期后，另一些鸟儿的腿也变形了。这种畸形的产生，或许是因为食物不合适，或许是因为给它们的空间太小。这段时间里，它们的主要食物是泡面包、燕麦、煮熟的土豆，还会饮水。我们将这些鸟儿散养在花园中时，它们会吃莴苣、卷心菜和青草，而且几乎遇到每一种植物的叶子时，它们都会啄来尝一下。

"它们会生闷气，连续两三天都不吃任何东西，在任何人试图靠近它们时都发出尖锐的鸣叫声，并且用鸟喙攻击。它们的性情多变，有时会在我们出乎意料的时候猛烈地啄咬。早上刚刚被放出囚笼的时候，它们的心情总是很好。但是一旦被放到甲板上，它们就变得脾气暴躁了。我的一条裤腿、拖鞋或靴子都成了它们攻击的对象。

"其中一只鸮鹦鹉被放养在花园中。这只鸟儿特别喜欢孩子们的陪伴，总是像狗一样跟在孩子们身后。

"鸮鹦鹉是一种十分聪明智慧的鸟儿。它们会对那些对它们友好的人产生强烈的感情,会在自己喜欢的人身上爬上爬下或磨蹭羽毛,显然它们是一种十分喜欢与人亲近且爱玩的鸟儿。事实上,若不是鸮鹦鹉总是脏兮兮的,它们与任何一种我熟悉的鸟儿相比都是更好的宠物。它们总是在人的身边玩耍淘气,看起来更像是一只狗而不是一只鸟儿。"

公主鸚鵡

英文名 | *Princess of Wales Parakeet*　　拉丁文名 | *Polytelis alexandrae*

公主鹦鹉

攀禽／鹦形目／鹦鹉科／超级鹦鹉属

我相信，超级鹦鹉属的这一新物种的发现，一定会得到所有鸟类学家的欢呼庆祝。他们也一定赞同用Alexandrae来给这一物种命名，以向亚历山德里娜公主(已故的维多利亚女王，译者注)致敬。相信在不远的将来，她就会成为我们王国的女王，而澳大利亚显然也是我们王国不可缺少的一部分。

公主鹦鹉是典型的超级鹦鹉，纤细的鸟喙和细长的尾羽都是这一属鸟类的独有特征。公主鹦鹉十分细腻的羽毛色彩是其他所有澳大利亚鹦鹉都不具备的。我想象不出还有什么能比我们美丽公主的芳名更适合作为它们的名字。

公主鹦鹉前额为细腻的浅蓝色；面颊下部、颌部和喉部为玫瑰粉色；头部、颈背部、翁、背部以及肩胛部位为橄榄绿色；背下部和尾部为蓝色；肩膀部位和翅膀覆羽为浅黄绿色；主翼羽的外羽片为暗蓝色；胸脯部位和腹部为橄榄灰色；大腿部位为玫瑰红色；上尾羽覆羽为橄榄色，有蓝色的着色；两支中央尾羽为蓝橄榄绿色，两侧的两支外羽片为橄榄绿色，内羽片为深棕色；其他的尾羽由三色组成——中间为黑色，外侧为橄榄灰色，内侧为深玫瑰红色；鸟喙为珊瑚红色；脚爪为粉状棕色。

夜鹦鹉

英文名 | Night Parrot　　拉丁文名 | Geopsittacus occidentalis

夜鹦鹉

攀禽／鹦形目／鹦鹉科／地鹦鹉属

夜鹦鹉是一种矮胖、短尾、笨拙的鸟儿，头部为浅黄色，眼睛漆黑，圆而饱满。鸟喙粗短，翅膀较大，腿部多肉，脚爪趾甲极小。这样的结构让我想到它们会生活在岩石洞穴和树木中空的树洞中。我最初获得的样本是在西澳大利亚的珀斯捕获的。

我第一次看到活的夜鹦鹉时十分高兴，而当我得知米勒博士在给斯克莱特先生的信中确认了我对这一物种的一些猜测时，我的兴奋之情更是难以言表。他说夜鹦鹉在夜间觅食，白天躲藏在山脉间的岩石洞穴中。米勒博士说他送来的活样本是在高勒山脉上捕获的，该山脉坐落在南澳大利亚。圈养的夜鹦鹉会像麻雀一样蹦跳，但是几乎从不会栖坐下来。有时它们也会快速地从一个角落冲到另一个角落。巴特利特先生告诉我，和其他夜行性鸟儿一样，夜鹦鹉在夜间也会变得更加活泼好动，会像野兔一样地啄食草叶、水芹、小米和草籽。

整个上体表为草绿色，每支羽毛上有一些不规则的黑色和绿黄色斑纹；头冠部和颈背部羽毛中央有一条黑色斑纹；喉部和胸脯部位为黄绿色，腹部渐变为硫黄色；小翼羽为棕色；主翼羽和副翼羽为棕色，外羽片狭窄的边缘为绿色，只有前三支羽毛例外；这些羽毛基部附近也有一条倾斜的黄色斑纹，靠近身体的羽毛的斑纹宽度和颜色深度渐增；两支中央尾羽为深棕色，羽片边缘有绿黄色锯齿状斑纹；两侧的羽毛为深棕色，外羽片边缘有明亮的黄色长锯齿状斑纹；其他部位为深棕色，有黄色横纹；下尾羽覆羽为硫黄色，外羽片有狭窄倾斜的不规则黑棕色横纹；鸟喙为角质色。

从活的样本上我又观察到，夜鹦鹉的鼻大，而且为蓝灰色，眼睛漆黑，圆而丰满，脚爪为肉色。

双垂鹤鸵

英文名 *Australian Cassowary*　拉丁文名 *Casuarius casuarius*

双垂鹤鸵

走禽／鹤鸵目／鹤鸵科／鹤鸵属

双垂鹤鸵是自然学家们在澳大利亚最有趣的发现之一。双垂鹤鸵也是南半球少数几种无翼鸟类之一。我们要感谢已故的托马斯·沃尔先生让我们了解了这一物种的存在。下面这段描写是我们对双垂鹤鸵最早的了解："一只双垂鹤鸵样本在约克角被捕射。当时它正与其他的七八只双垂鹤鸵一起奔跑。因此，或许在东北部海岸的这一地区，这一物种的数量比较丰富，而且在所有高山脚下的河谷中都生活着许多这样的鸟儿。双垂鹤鸵的腿部力量极大，因此和鸸鹋一样，它们的腿也是有利的武器。但是相比鸸鹋，双垂鹤鸵的整体结构更强壮结实。双垂鹤鸵生性十分机警；但是它们总是发出独特的响亮叫声，这种鸣声在山涧河谷中回荡，很容易暴露它们的位置。用来复枪就可以轻松地捕射一些双垂鹤鸵。"

1866年12月13日，斯克莱特先生听斯科特先生说这一物种以黑鸸鹋的名字为人们所熟知，但是它们十分胆小，难以捕捉。

斯科特先生说："关于这一物种，我能告诉你的恐怕不多。我从没能有机会观察到一只这样的鸟儿，但是我听说别人看到过它们三四次。这些双垂鹤鸵出现的地方相隔48～64千米远。这些人熟悉普通的鸸鹋。他们追了这些鸟儿一路，可还是没能将它们捕获。但是他们说这一物种与真正的鸸鹋有显著的不同。"

两天后，也就是1866年12月15日，米勒博士对这一物种的描写被发表了出来：

"去年9月，兰德尔·约翰逊在罗金厄姆湾的丛林中捕射了唯一的一只双垂鹤鸵样本。这位先生说，这一物种几乎只栖息在开阔的丛林中，而从不会来到平原上。在7—9月的时候，它们的食物主要是一种卵形的蓝色浆果——这是一种大树的果实。除此以外，它们或许还会吃一些青草。"

在提及悉尼博物馆的双垂鹤鸵样本时，卡伦先生说道："我刚刚看到约翰逊先生送到博物馆的这只鸟儿，我认为它与1848年11月沃尔先生在韦茅斯湾捕射的样本是一样的。沃尔先生捕射这只鸟儿时我也在现场，并且也吃了一些它的肉，因此我对这一物种也有一些了解。我认为它们并不会五六只一起觅食生活。双垂鹤鸵喜欢独居，而且数量十分稀少。我们一行人从罗金厄姆湾旅行到韦茅斯湾，一路上只看到了另外两只这样的鸟儿。相比鸸鹋，双垂鹤鸵的腿短而粗壮，脖子更短。这一物种似乎仅栖息在茂密的丛林山涧中，以各种水果甚至较大的栗豆树和露兜树种子为食。这只鸟儿身形显然十分庞大，我们一行人数月来都没有吃过一顿像那样的晚餐和早餐。而且我想，可怜的沃尔先生注定再也没有享用过那样的饱餐，因为除了我和另一个人之外，沃尔先生和其他人都在此后的六个星期里因为缺少食物死去了。"

1868年6月11日，斯克莱特先生向动物学会展示了一只十分精美的双垂鹤鸵毛皮样本。这个样本是昆士兰的斯科特先生寄送过来的，这可能是来到欧洲的第一只双垂鹤鸵样本。除此以外，斯科特先生还对它做了仔细的描绘，并为它的脑袋和颈部做了细致的绘图。斯克莱特先生又慷慨地把它们送到了我手里。

我相信，插图中的双垂鹤鸵远比任何语言描述都更形象，因此我就不再具体描述它们了。

侏鹤鸵

英文名 | *Bennett's Cassowary*　拉丁文名 | *Casuarius bennetti*

侏鹤鸵

走禽／鹤鸵目／鹤鸵科／鹤鸵属

科学界要感谢欧文先生捕获了这一物种并将其送到伦敦！动物学会也要感谢欧文先生慷慨的捐赠！三只精致的侏鹤鸵(一只美丽的成年雄鸟和两只幼鸟)如今生活在伦敦动物学会的花园中。它们与鸵鸟、美洲鸵、鸸鹋、几维鸟以及它们的近亲鹤鸵肩并肩生活在一起。这些鸟儿的健康状况都不错。这种大型无翼鸟集体走入视野的景象恐怕是空前绝后的。

第一只侏鹤鸵刚刚来到时，我有些怀疑它们就是普通的鹤鸵。随着它不断长大，角质盔也长了起来，我的怀疑就彻底消解了。当这只鸟儿完全成熟后，它与鹤鸵的不同就再清晰不过了。相比鹤鸵，侏鹤鸵的身材更小更短，腿更粗壮。角质盔的形状也显著不同：它们的盔状角质突起更短且圆润，基部高高隆起，接着分成两个悬垂的部分，角质结构的中央最低。第一幅插图就很细致地描绘了这一结构。刚刚来到英国的侏鹤鸵羽毛是红褐色的，背部和身体下部混杂有一些黑色的羽毛，颈部和胸脯部位则漆黑；颈部疏松皱褶的皮肤有美丽多变的蓝紫色和粉色光泽，有时也会呈现出闪亮的绿色光辉；脚爪和腿为浅灰色。如今这只侏鹤鸵的羽毛颜色渐深，颈前部裸露的皮肤为更均匀的深蓝色，腿的颜色也更深一些。

贝内特博士还向我描述了有关这一物种生活习性的许多有趣细节。我非常希望将他的话转述给我的读者们。

他说："我寄给你的是对一种新鹤鸵的描述。它是在南太平洋靠近新几内亚的一个小岛上捕获的。

"这一物种的脚爪和腿巨大而且粗壮，为浅灰色。它们的内侧脚趾极长，鸟喙的形状与鸸鹋的鸟喙有很大的不同。它们的鸟喙更细长而且弯曲，基部有黑色皮质的蜡膜。"

后来贝内特博士在写给动物学会的信中又说道："1858年10月26日，48吨的大船到达悉尼，船上载着两只精美的侏鹤鸵幼鸟。据说它们是一只雄鸟和一只雌鸟。船长告诉我，他已经养了这两只鸟儿8个月了。他说他们刚刚到达新不列颠（南太平洋岛屿）不久就将这两只鸟儿捕获了。它们的身形只有去年送到英国的侏鹤鸵的一半大。德夫林船长告诉我，土著人在它们很小的时候便将它们捕获，然后圈养了起来。成年侏鹤鸵有很强的奔跑能力，它们腿部的力量极大。稍有声响，侏鹤鸵就会警惕地抬起脑袋。一旦发现危险，它们就会在茂密的丛林中奔跑起来，跑进人类难以深入的地方，接着便神奇地消失不见了。它们的跳跃能力也十分卓越，第一只从新不列颠带来的侏鹤鸵就是因为这样才死掉的。当天风很大，那只侏鹤鸵从甲板上使劲儿跳了下去，结果就那样摔死了。在温和的天气里，我们会用一桶海水将它们淋湿，它们似乎也很喜欢这样的沐浴。被释放到院子中时，它们会像火鸡一样温和地踱步。侏鹤鸵会走到站在院子里的人身前，用鸟喙啄一下他的手，似乎是在乞求食物，看起来十分驯服。它们似乎有一段时间没有吃过肉食了，因此来到院子中后先是去啄咬一根骨头，而不去碰放在一边的熟土豆。后来我们也发现，它们更习惯从碟子里进食，而不愿意捡食地上的食物。显然，它们以前的主人就是那样喂养它们的。它们十分乐于和我们亲近，就像和我们一起生活了好多年一样。第二天我们发现，它们就像被惯坏了的宠物一样温和地待在我们身边。它们甚至会走进厨房里。一只侏鹤鸵钻进了桌椅底下，另一只则跳上了桌子，让厨子惊慌失措。有时它们又叽叽喳喳鸣叫着走进大厅或者书房去寻找食物，也或许是书籍。不久它们爬上楼梯，过了一会儿又吹着奇特的口哨走了下来。哪一扇门开着，它们就悠然自得地走进去，和在自己家一样。于是仆人们总是要留意它们。哪一个仆人打开一扇门，转身就会看见一只侏鹤鸵跟在他身后。这两只鸟儿从不会肩并肩一起玩耍，而总是隔开一定的距离。若是我们想要将它们驱赶出去，它们就会横冲直撞地在房间里奔跑，在桌子、椅子和沙发间钻来钻去，最后在沙发下面或某个角落里蹲坐下来。除非请几个人一起把它们抬出去，我们还真拿它们没有办法。等到真的要去抬它们的时候，它们会使劲儿踢动粗壮的长腿，不断挣扎。等我们将它们放下来，它们又会一副礼貌的模样从容地自己走出去。后来我发现，要让它们出去，最好的办法还是拿一些食物引诱，那样它们或许才会跟着你走出去。女佣试图将一只侏鹤鸵从一个房间赶出去时就被它踢了一脚，还扯烂了裙子。它们还会走进马厩，用鸟喙翻找马槽里的食物。有时我在书房中写作，刚听见一声叽喳的哨音，紧接着一只侏鹤鸵就顶开半掩的门走了进来。它安静地绕着房间走了一圈，审视着所有的物件，接着又从容不迫地走了出去。若是试图去驱赶，它就会跳跃奔跑起来，那速度之快，没有人可以从它们平日里安静神气的表现中想象得出来。因此一旦将它们放在丛林中，别说捕捉到它们，要瞄准捕射它们都十分困难。"

贝内特博士送给我的一枚侏鹤鸵鸟卵，底色为极浅的淡黄色，均匀地覆盖着浅绿色的波纹。

第一幅插图展示的是侏鹤鸵的头部和颈部。第二幅插图则是成年鸟儿，远景中是一只幼鸟。

巨水鸡

英文名 Takahe 拉丁文名 Porphyrio mantelli

巨水鸡

涉禽／鹤形目／秧鸡科／青水鸡属

每一个新物种的发现，都是一件值得欢欣鼓舞的事情。在现实中，一些新的物种常常以化石或半化石遗存的形式被我们了解。声名远播的渡渡鸟就是一种只存在于我们想象中的鸟儿。而若不是曼特尔先生幸运地发现了一只活的巨水鸡样本，这一物种恐怕也要经历与渡渡鸟相同的命运。

"这只巨水鸡是一些猎人捕获的。他们先是在雪地上看到了一行某种较大未知生物的脚印；接着，他们沿着这些脚印去寻找，最后发现了这只巨水鸡。他们的猎狗立即追了上去，追逐了很长一段路，才将它活捉。巨水鸡奔跑的速度极快，在被捕获时，这只巨水鸡发出尖厉的鸣叫声，剧烈地挣扎反击。他们养了这只鸟儿三四天，后来将它杀死并且烤熟吃掉了。每一个分享了这顿大餐的人都说这是一种美味的鸟儿。我的儿子幸运地获得了这只鸟儿的皮毛。

"沃尔特·曼特尔先生说，当地人认为有一种大型的秧鸡和恐鸟是同时代的。这种秧鸡是当地人祖先的主要食物。但是无论当地人还是欧洲人，长期以来都认为这一物种已经灭绝了。但是我的儿子在做了一些研究和观察后，确认了这一物种的存在。"

巨水鸡的羽毛厚密，背部的羽毛较长，因此我们可以合理地推断出它们喜欢在低洼潮湿的地方生活，比如沼泽、河流两岸和生长着潮湿蕨类的树丛。显然，巨水鸡也具备游泳的能力。但是从它们腿部的结构来看，这一物种更适应陆地上的生活。

巨水鸡头部、颈部、胸脯部位、上腹部和侧腹为紫蓝色；背部、尾部、上尾羽覆羽、小翅膀覆羽和三级飞羽为深橄榄绿色，端部为青绿色；颈背部有一条深蓝色斑纹，将颈部的蓝紫色羽毛和身体的绿色羽毛分隔开。翅膀为美丽的深蓝色，大覆羽端部为青绿色，翅膀展开时会形成新月形斑纹；尾羽为深绿色；下腹部、肛门部位和大腿为暗淡的蓝黑色；下尾羽覆羽为白色；鸟喙和脚爪为明亮的红色。

图书在版编目（CIP）数据

澳洲鸟类 /（英）约翰·古尔德著；宋龙艺译 . —
北京：北京理工大学出版社，2023.4
　（世界鸟类百科图鉴）

ISBN 978-7-5763-2124-1

Ⅰ . ①澳… Ⅱ . ①约… ②宋… Ⅲ . ①鸟类 – 澳大利
亚 – 图谱 Ⅳ . ① Q959.708-64

中国国家版本馆 CIP 数据核字 (2023) 第 032955 号

出版发行 / 北京理工大学出版社有限责任公司
社　　址 / 北京市海淀区中关村南大街 5 号
邮　　编 / 100081
电　　话 /（010）68914775（总编室）
　　　　　（010）82562903（教材售后服务热线）
　　　　　（010）68944723（其他图书服务热线）
网　　址 / http：// www. bitpress. com. cn
经　　销 / 全国各地新华书店
印　　刷 / 唐山富达印务有限公司
开　　本 / 710 毫米 × 1000 毫米　1/16
印　　张 / 111　　　　　　　　　　　　　　责任编辑 / 朱　喜
字　　数 / 1337 千字　　　　　　　　　　　文案编辑 / 朱　喜
版　　次 / 2023 年 4 月第 1 版　2023 年 4 月第 1 次印刷　　责任校对 / 刘亚男
定　　价 / 298.00 元（全 5 册）　　　　　　责任印制 / 李志强